제어보드를 이용한

통신 프로그래밍

김 혜 경 저

오성 미디어

머리말

정보통신 분야가 점점 발전되고 고도화되어 이제는 사물인터넷시대를 개막하게 되었습니다. 이동통신망을 이용하여 사람과 사물, 사물과 사물간 지능통신을 할 수 있는 M2M의 개념을 인터넷으로 확장하여 사물은 물론, 현실과 가상세계의 모든 정보와 상호작용하는 개념으로 진화되고 있는 것입니다. 하드웨어 제어는 이를 위한 기초적인 분야입니다.

본 교재는 하드웨어 제어를 하고 싶은 사람이라면 한번쯤은 통신프로그램을 작성해보고 싶지 않을까라는 생각으로 기안을 하였으며, 시리얼 통신프로그램을 작성하기에 앞서 통신을 하기 위해 필요한 것에 해당하는 내용을 선별하여 담았으며, 이를 바탕으로 단계별로 통신프로그램을 한 학기 동안 수업할 수 있도록 하였습니다.

이 교재에서는 1장에서는 먼저, 통신을 위한 인터페이스 역할을 할 메인 화면을 콘솔창에서 실행되도록 하는 프로그램으로 구성하였으며, 2장에서는 본 교재에서 하고자 하는 시리얼통신에 대해 다루었습니다. 시리얼통신에 대한 기초지식을 쉽게 이해할 수 있도록 하이퍼터미널 통신으로 통신을 시도하였으며, 이를 바탕으로 시리얼통신 프로그램 설명을 하였습니다. 마지막 3장에서는 PC간의 시리얼통신을 PC와 제어보드간의 통신으로 확대하여 프로그래밍 할 수 있도록 하였습니다. 실제적인 하드웨어 제어를 하는데 도움이 되기 위해 텍스트 패널의 제어보드를 이용한 통신프로그램 작성으로 본 교재를 구성하였습니다.

각 학습마다 실습과제 및 실습과정을 자세히 설명하였으며, 또한 실습에 필요한 이론을 요약하여 정리하였다. 이렇게 함으로써 실습내용에 대한 예습을 통하여 이론지식을 갖고 실험에 임할 수 있으므로 실습이해는 물론 응용능력 향상에도 크게 도움이 되리라 생각됩니다.

부족하나마 본 교재가 통신프로그램을 공부하고자 하는 분께 다소 도움이 되기를 바라며, 미흡한 부분에 대해서는 독자 여러분의 충고와 조언을 바탕으로 좋은 교재가 될 수 있도록 앞으로 수정 보완할 것을 약속 드립니다.

아울러 본서의 출판과정에서 지대한 관심을 가지시고 저자와 많은 대화를 나누어 주신 오성미디어 오성결 사장님이하 직원 여러분들에게 깊은 감사를 드립니다.

저자

차 례

1장 콘솔프로그램

1. 커서의 위치와 화면제어
2. 화살표 키의 사용방법
3. 메뉴 작성

1장 콘솔 프로그램

1. 커서의 위치와 화면제어

1.1 커서의 위치제어

프로그램이 실행된 콘솔창 화면의 크기는 대부분 가로 80자, 세로 24자 정도의 크기로 나타나고, 윈도우에서는 왼쪽 위 모서리부분을 원점으로 하기 때문에 xy 좌표로 커서의 위치를 표현한다.

원하는 화면위치에 내용을 출력하려면 먼저 커서의 위치를 이동시켜야 하는 데. 이 때 사용되는 구조체와 함수는 다음과 같다. 아래 함수는 Win API(Application Progrmming Interface)에서 제공하는 함수이다.

```
구조체 : COORD pos ={x,y}

        x: 화면에서의 가로 위치를 지정(1-80), y: 화면에서의 세로 위치를 지정
        pos: 구조체 COORD의 별칭

함수 : SetConsoleCursorPosition(vp, pos);
      콘솔커서 이동함수이다.
      vp: 표주 입출력에 대한 핸들 값,
      pos: 커서를 이동하고자 하는 좌표값의 정보를 담은 구조체 COORD의 별칭


     vp = GetStdHandle(STD_OUTPUT_HANDLE);
          표준 입출력에 대한 핸들값
```

이를 함수로 재구성하여 보자.

```
//콘솔창에서의 커서 위치제어 함수

void gotoxy(int x, int y)//(x,y)좌표로 커서를 이동
{
     COORD pos={x-1,y-1};  //콘솔 화면의 원점은 (0,0)
     SetConsoleCursorPosition(GetStdHandle(STD_OUTPUT_HANDLE), pos);
}
```

gotoxy(int x, int y)를 호출할 때 값을 입력받고, 그 값이 COORD pos={x-1, y-1}에 대

입되고 그 값을 SetConsoleCursorPosition(GetStdHandle(STD_OUTPUT_HANDLE), pos)에 대입한다.
즉, COORD pos안에 x,y 안에 값을 대입받고 그것을 SetConsoleCursorPosition에 넣어 콘솔의 커서를 x, y의 위치로 옮기는 것이다.

<실습>
구조체와 함수를 이용하여 간단한 프로그램을 작성하여 보자.

결과화면)

```
// 간단한 콘솔창 출력 프로그래밍
#include <windows.h>        //Sleep(),gotoxy()함수에서 사용하는 자료형과 함수
#include <stdio.h>
#include <stdlib.h>         //exit()
#include <conio.h>          //getch()

// 전역변수정의
int x,y;                    //전역변수 커서 좌표
COORD pos={0,0};
void *vp;

// 메인함수정의
void main(void)
{
        vp = GetStdHandle(STD_OUTPUT_HANDLE);
        system("cls");      //화면을 깨끗하게 지움

        //메뉴 화면 출력
        pos.X = 5-1;
        pos.Y = 3-1;

        SetConsoleCursorPosition(vp, pos);
        puts("통신 프로그램 2014");
}
```

소스1.1_1

<실습> gotoxy() 함수를 이용한 간단한 출력 프로그램

```
// 간단한 콘솔창 출력 프로그래밍

#include <windows.h>        //Sleep(),gotoxy()함수에서 사용하는 자료형과 함수
#include <stdio.h>
#include <stdlib.h>         //exit()
#include <conio.h>          //getch()

// 전역변수정의
// -----------------------
int x,y;                    //전역변수 커서 좌표

// 함수정의
void gotoxy(int x, int y)

// -----------------------
// 메인함수정의
// -----------------------
void main(void)
{

        system("cls");      //화면을 깨끗하게 지움

        //메뉴 화면 출력
        // -----------------------
        gotoxy(5,3);
        puts("통신 프로그램 2014");
}

void gotoxy(int x, int y)//(x,y)좌표로 커서를 이동
{
        COORD pos={x-1,y-1}; //콘솔 화면의 원점은 (0,0)
    SetConsoleCursorPosition(GetStdHandle(STD_OUTPUT_HANDLE), pos);
}
```

소스1.1_2

1.2. 화면 지우기

실행된 텍스트 화면의 모든 내용을 지울 수 있도록 한다. 화면 지우기는 출력할 내용이 많아 적당한 크기로 끊어서 출력할 경우나 애니메이션을 구현할 때 유용하게 사용할 수 있다.

```
#include<windows.h>
system("cls");
```

콘솔창에서 시스템호출함수인 system을 이용하는 데에는 헤더파일 <windows.h>를 필요로 하다.

1.3 화면 크기

윈도우 운영체제 상에서 콘솔은 가로 80컬럼으로 기본값을 가지며, 세로 줄은 스크롤 설정에 의해 조정된다.
그러나 사용자가 크기를 조정하고자 한다면 다음과 같은 명령어에 의해 조정될 수 있다.

```
#include<windows.h>
system("mode con: lines = 숫자 cols = 숫자");
        con : 세로,  cols: 가로
```

주의할 점은 기본 값은 세로 25, 가로 80으로 설정을 임의로 하게 될 경우 콘솔창에서 스크롤바가 보이지 않게 되어 콘솔창의 크기를 줄일 수는 있어도 늘릴 수가 없게 된다는 점에 유의해야 한다.

또 다른 방법으로 API함수를 사용하여 크기를 조정하는 방법이 있다.
실행된 콘솔창의 제목표시줄에서 마우스를 갖다 댄 후 마우스 오른쪽 버튼 메뉴 [속성]을 이용한다.

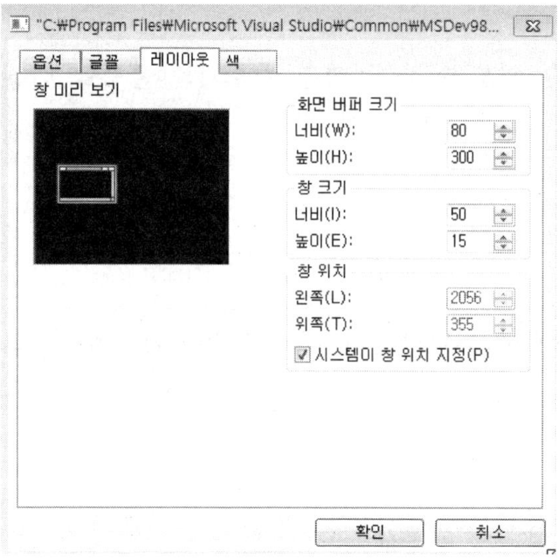

1.4 콘솔창 색상 변경

콘솔창에서의 색상 변경은 직접 명령어 작성하는 방법과 API함수를 이용하는 두 가지 방법이 있다.

먼저 직접 명령어를 사용하여 변경하는 방법에 대해서 알아보자.
SetColor 함수를 이용한다. 이 함수도 <windows.h> 헤더파일을 필요로 한다.

```
#include<windows.h>
void SetColor(int color, int bgcolor)
{
    color = ;
    bgcolor = ;
}
        color : 글자색,   bgcolor : 배경색
```

다음은 WinAPI함수를 사용하는 방법이다.

```
//textcolor 함수를 사용자 정의함수로 구현하는 방법
#include<windows.h>
void textcolor(int colornumber)
{
    SetConsoleTextAttribute(GetStdHandle(STD_OUTPUT_HANDLE), color_number);
}
//system 함수를 사용하는 방법
system("color 색깔번호");

/* 색깔번호
0=검정색      8=회색
1=파랑색      9=연한 파랑색
2=초록색      A=연한 초록색
3=옥  색      B=연한 옥색
4=빨강색      C=연한 빨강색
5=자주색      D=연한 자주색
6=노랑색      E=연한 노랑색
7=흰  색      F=밝은 흰색

첫 번째 자리는 배경색, 둘째자리는 문자색으로, system("color f1"); 은
흰색 배경에 파랑색 글자를 나타낸다.
*/
```

소스1.1_3

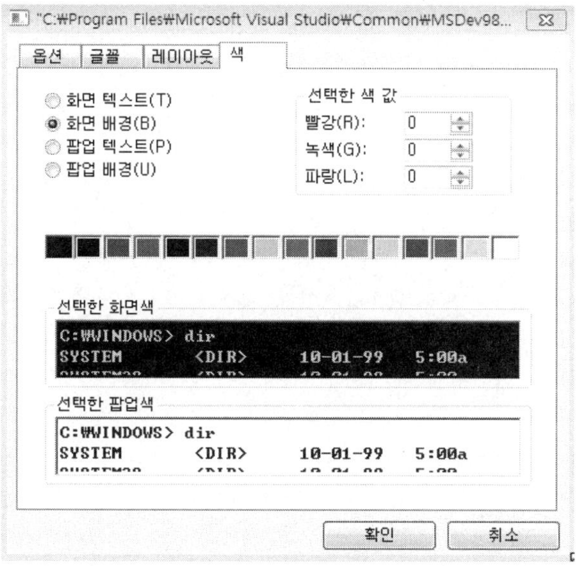

실습> gotoxy()함수를 사용하여 다음과 같은 결과가 나오도록 프로그래밍 하시오.

조건 :
① 사각형 표시(색상 : 연한 파랑색)
② 사각형 정가운데에 본인 이름 표시 (글자색 : 흰색)
③ 배경색 : 파랑색

2. 화살표 키의 사용방법

프로그램에서의 입력은 대개 문자나 숫자, 기본 특수키를 대상으로 하나, 키보드 상의 다양한 키, 즉, 화살표 키, PgDn 등이 필요한 경우가 발생한다. 이 장에서는 화살표 키를 사용하는 방법에 대해 설명하려고 한다.

2.1 아스키 코드와 스캔코드

아스키코드는 컴퓨터 내부에서 문자를 처리하기 위한 일종의 규칙으로 'a'라는 문자에 대해 미리 약속한 코드값을 의미한다.

키보드 스캔코드는 키보드 상의 각각의 키 값에 대한 코드값을 의미한다. 키보드의 숫자 1은 키보드의 윗부분에도 있고, 숫자키패드에도 있다. NumLock가 눌려져 있는 상태라면 키를 눌렀을 때 메모장에서 모두 동일하게 1로 나타나지만 서로 다른 키이므로 스캔코드는 다르다.

스캔코드는 확장키 코드로, 1byte에 해당하는 256개의 아스키코드로 나타낼 수 없는 키이다. 화살표 키를 포함하여 Home, End, Pageup, PageDown 등이 있다. 이러한 키를 표시하기 위해 2Byte로 구성하며 이때 상위 Byte 값에 따라 키를 구별 할 수 있다. 2Byte로써 상위 바이트는 스캔코드, 하위바이트는 아스키코드로 이루어져 있다.

코드	상위 1Byte	하위 1Byte
아스키 코드	-	아스키코드
확장 코드	스캔코드	0/0xe0

스캔코드는 아스키코드값에 0xE0, 0x00을 갖는다. 그리고 스캔코드에 각각의 숫자값을 갖는 다. 방법은 간단하다. 처음 0xE0, 0x00값을 받아들이고 다시 한번 더 이키들의 값을 읽어들이면 된다. 그러면 해당 특수키의 사용이 가능하다.

스캔코드는 일반적으로 4자리의 숫자로 표현되는 데, 앞의 2자리는 좌우 Ctrl키와 좌우 Shift 키 및 좌우 Alt키의 조합을 나타내고, 다음의 2자리는 키보드의 배열에 따른 고유의 키보드의 값을 나타낸다.

예를 들어, 우측 쉬프트 키의 값이 01이고, 숫자 1의 값이 02라면, 우측 쉬프트 +1을 동시에 누른 스캔토드값을 0102가 된다. 왜 이러한 스캔코드값을 정한 이유는 바로 키보드 하나를 가지고, 다국어를 표현하기 위함이다. 영문으로 놓고 키보드를 치면 영어가 되고, 한글로 놓고 키보드를 치면 한글이 되는 까닭은 한/영키를 통하여 스캔코드

값을 제어할 수 있기 때문이다.

다음은 스캔코드를 확인할 수 있는 프로그램 예이다.

```
#include <stdio.h>
#include <conio.h>
int main()
{

        char chr;
        do
        {

                printf("해당 키를 누르시오 > ");
                chr = getch();
                printf(" ₩n키 : %c, ASCII(10):%d, (16):%x ₩n",chr,chr,chr);

        }while(chr!='0');
        return 0;

}
```

소스1.2_1

결과> 문자 a,b,c,d를 눌렀을 때

```
해당 키를 누르시오 >
키 : a, ASCII(10):97, (16):61
해당 키를 누르시오 >
키 : b, ASCII(10):98, (16):62
해당 키를 누르시오 >
키 : c, ASCII(10):99, (16):63
해당 키를 누르시오 >
키 : d, ASCII(10):100, (16):64
해당 키를 누르시오 >
```

결과> 상,하,좌,우 방향키를 눌렀을 때

```
해당 키를 누르시오 >
키 : ? ASCII(10):-32, (16):ffffffe0
해당 키를 누르시오 >
키 : H, ASCII(10):72, (16):48
해당 키를 누르시오 >
키 : ? ASCII(10):-32, (16):ffffffe0
해당 키를 누르시오 >
키 : P, ASCII(10):80, (16):50
해당 키를 누르시오 >
키 : ? ASCII(10):-32, (16):ffffffe0
해당 키를 누르시오 >
키 : K, ASCII(10):75, (16):4b
해당 키를 누르시오 >
키 : ? ASCII(10):-32, (16):ffffffe0
해당 키를 누르시오 >
키 : M, ASCII(10):77, (16):4d
해당 키를 누르시오 >
```

위 결과의 큰 차이점은 문자를 누른 왼쪽의 경우 해당 문자의 ASCII코드(10진수)와 16진수로 출력된 결과는 한 줄씩 출력되지만 오른쪽의 화살표 키를 누른 경우에는 키가 2 byte로 표현되므로 한번만 눌렀어도 두 줄 씩 나타나는 것을 확인할 수 있다.
스캔코드와 아스키코드의 구별 없이 모두 저장하려면 2byte가 필요한 데 한 문자를 입력받는 함수인 getch()는 1 byte 크기의 입력받은 문자를 반환하므로 추가적인 입력이 필요하다. 확장키 코드가 입력되었을 경우에는 0 또는 224(0xe0)를 반환하므로 이 경우에 다음 프로그램 같이 getch()를 한번 더 호출하면 실행결과와 같이 확장 키 코드를 얻을 수 있다.
아스키 코드 중 알아두면 좋은 코드는 27(Esc), 32(space), 65(A), 97(a)이다.

다음은 스캔코드와 아스키코드의 구별없이 모두 저장하는 방법이다.

```
#include <stdio.h>
#include <conio.h>


int main(void)
{
    int chr;
    do {
chr = getch();
if(chr == 0 || chr == 0xe0)
 {
      chr = getch();
      printf("확장키 code = %d ₩n",chr);
}
else
      printf("아스키 code = %d ₩n",chr);
}while(1);


return 0;
}
```

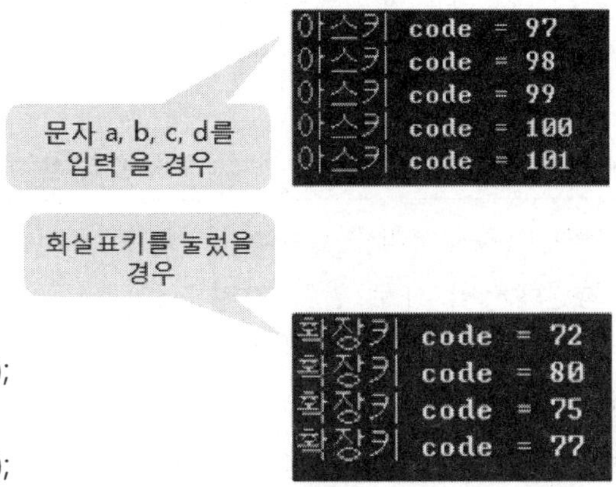

소스1.2_2

스캔코드와 아스키코드의 구별 없이 모두 저장하려면 2byte가 필요한 데 한 문자를 입력받는 함수인 getch는 1 byte 크기의 입력받은 문자를 반환하므로 추가적인 입력이 필요하다. 확장키 코드가 입력되었을 경우에는 0 또는 224(0xe0)를 반환하므로 이 경우에 위 프로그램 같이 getch()를 한번 더 호출하면 실행결과와 같이 확장 키 코드를 얻을 수 있다.

2.2 화살표키를 이용한 커서 이동

콘솔창에 출력하고자 하는 대상의 위치를 Printf()함수를 사용하여 출력하기 전에 콘솔창에서의 커서 위치를 설정이 되어야 한다. 커서의 위치를 설정하는 함수는 앞서 배웠던 gotoxy()함수를 이용한다.

커서의 위치를 설정하는 gotoxy(x,y)함수의 첫 번째 인자 x는 화면의 가로(열) 방향을 나타내고, 두번째 인자 y는 화면의 세로(행) 방향을 나타낸다.

다음은 콘솔창의 커서 위치 제어 값이다.

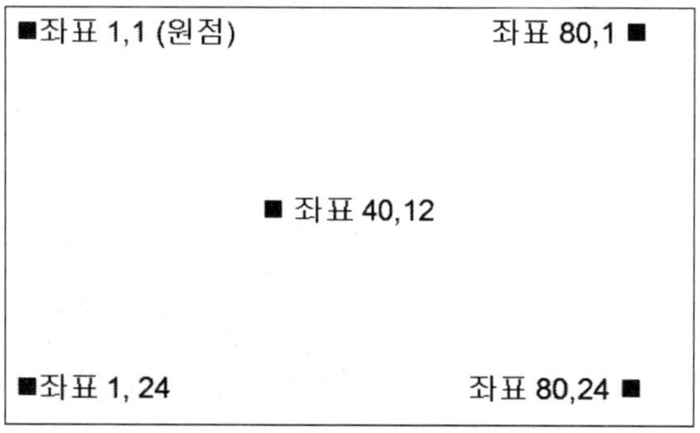

커서의 위치제어함수 gotoxy(int x, int y)
x: 화면에서의 가로 위치 지정(1~80)
y: 화면에서의 세로 위치 지정(1~24)

다음은 화살표 키의 스캔코드 값과 화살표 이동에 따른 두 인자의 변화이다.

화살표 키	스캔코드값(10진수)	x 값의 변화	y 값의 변화
↑	72	없음	y--
↓	80	없음	y++
←	75	x--	없음
→	77	x++	없음

〈실습〉 화살표키를 이용한 문자의 이동 프로그램
화살표키를 누르면 문자 'A' 가 화면상에서 움직이는 데 Esc 키를 누르면 프로그램을 종료한다.
프로그램을 시작했을 때 시작점의 좌표는 (10,10)이다.

함수 getch()는 키보드로부터 문자 하나를 입력받는 데 사용되지만 입력을 받기 위해서는 대기 상태로 있기 때문에 어떤 키를 누르기 이전까지 프로그램의 실행을 멈추게 하는 방법으로도 사용된다. 함수 getch()를 사용하려면 헤더파일 <conio.h>가 필요하다.

실행초기화면)

오른쪽 아래로 이동시킨 화면)

소스)

```
#include <windows.h>        //Sleep(),gotoxy()함수에서 사용하는 자료형과 함수
#include <stdio.h>
#include <stdlib.h>                 //exit()
#include <conio.h>                  //getch()

// 전역변수정의
int x,y;                    //전역변수 커서 좌표

// 함수정의
void gotoxy(int x, int y);
void run(char key);

// 메인함수정의
void main(void)
{
        char key;

        x=10;
        y=10;

        do
        {
                gotoxy(x,y);
                printf("A");

                key=getch();
                system("cls");        //화면을 깨끗하게 지움
                printf("₩b");  //출력된 문자의 삭제

                run(key);
        }while(key!=27);
}

void gotoxy(int x, int y)//(x,y)좌표로 커서를 이동
{
        COORD pos={x-1,y-1};  //콘솔 화면의 원점은 (0,0)
    SetConsoleCursorPosition(GetStdHandle(STD_OUTPUT_HANDLE), pos);
}
```

소스1.2_3

```
void run(char key)
{
        switch(key)
        {
                case 72:                //위쪽 방향키(↑)
                        y = y-1;
                        if(y < 1) y=1;  //8-13사이의 값만 받음
                        break;
                case 75:                //왼쪽 방향키()
                        x=x-1;
                        if(x < 1) x=1;  //8-13사이의 값만 받음
                        break;
                case 77:                //오른쪽 방향키 (↓)
                        x = x + 1;      //이동하여 "▶"그림
                        if(x > 79) x=79;  //8-13사이의 값만 받음
                        break;
                case 80:                //방향키 (↓)
                        y = y + 1;      //이동하여 "▶"그림
                        if(y > 24) y=24;  //8-13사이의 값만 받음
                        break;
                case 27:                //Esc키 누르면 프로그램 종료
                        exit(0);
                        break;
                default:
                        break;
        }//switch
}
```

소스1.2_3

실습> 다음 결과와 같이 사각형 안에 문자(■)가 정가운데 위치하도록 프로그램한다. 표시된 문자를 방향키를 이용하여 좌우로 움직이도록 한다. 단, 사각형의 범위를 벗어나지 않도록 한다.

실행초기화면)

←/↓화살표키를 눌렀을 경우1 실행화면)

→/↑ 화살표키를 눌렀을 경우2실행화면)

소스)

```
#include <windows.h>        //Sleep(),gotoxy()함수에서 사용하는 자료형과 함수
#include <stdio.h>
#include <stdlib.h>                    //exit()
#include <conio.h>                     //getch()

// 전역변수정의
int x,y;                    //전역변수 커서 좌표

// 함수정의
void gotoxy(int x, int y);
void run(char key);

// 메인함수정의
void main(void)
{
        char key;
        x=10;
        y=10;

        main_display();
        do
        {
                gotoxy(x,y);
                printf("■");

                key=getch();

                run(key);
        }while(key!=27);
}

void gotoxy(int x, int y)//(x,y)좌표로 커서를 이동
{
        COORD pos={x-1,y-1};  //콘솔 화면의 원점은 (0,0)
    SetConsoleCursorPosition(GetStdHandle(STD_OUTPUT_HANDLE), pos);
}
```

소스1.2_4

```
void main_display()
{
    system("cls");
    gotoxy(5,3);puts("화살표키를 이용한 문자 이동 프로그램 2014");
    gotoxy(5,4);puts("☞ 이동 : 방향키(←,↑,→,↓)₩n     ☞ 선택 : Enter");
    gotoxy(5,6);puts("┌──────────────────────────────────┐");
    gotoxy(5,7);puts("│                                  │");
    gotoxy(5,8);puts("│                                  │");
    gotoxy(5,9);puts("│                                  │");
    gotoxy(5,10);puts("│                                  │");
    gotoxy(5,11);puts("│                                  │");
    gotoxy(5,12);puts("│                                  │");
    gotoxy(5,13);puts("│                                  │");
    gotoxy(5,14);puts("│                                  │");
    gotoxy(5,15);puts("│                                  │");
    gotoxy(5,16);puts("│                                  │");
    gotoxy(5,17);puts("│                                  │");
    gotoxy(5,18);puts("│                                  │");
    gotoxy(5,19);puts("│                                  │");
    gotoxy(5,20);puts("│                                  │");
    gotoxy(5,21);puts("└──────────────────────────────────┘");

}

void run(char key)
{
        switch(key)
        {
                case 72:                //위쪽 방향키(↑)
                        y = y-1;
                        if(y < 7) y=7;  //8-13사이의 값만 받음
                        printf("  "); //출력된 문자의 삭제
                        break;
                case 75:                //왼쪽 방향키()
                        x=x-1;
                        if(x < 6) x=6;  //8-13사이의 값만 받음
                        printf("  "); //출력된 문자의 삭제
                        break;
```

소스1.2_4

```
			case 77:				//오른쪽 방향키 (↓)
					x = x + 1;		//이동하여 "▶"그림
					if(x > 60) x=60;	//8-13사이의 값만 받음
					printf("  ");	//출력된 문자의 삭제
					break;
			case 80:				//방향키 (↓)
					y = y + 1;		//이동하여 "▶"그림
					if(y > 20) y=20;	//8-13사이의 값만 받음
					printf("  ");	//출력된 문자의 삭제
					break;
			case 27:				//Esc키 누르면 프로그램 종료
					exit(0);
					break;
			default:
					break;
		}//switch
}
```

소스1.2_4

3. 메뉴 작성

3.1 메뉴와 선택

앞으로의 통신프로그램 작업을 위하여 동작 Interface 역할을 할 메뉴를 gotoxy()함수 등을 이용하여 작성해보도록 하자.

메뉴 선택에 의해 프로그램을 진행하는 프로그램의 기본 원리는 메뉴 선택에 의해 처리할 부분을 함수로 만들고, 해당 메뉴를 [Enter↵]키를 이용하여 선택하면 해당 함수를 호출하는 것이다.
메뉴 선택은 커서를 이동하여 해당 메뉴 위치로 커서가 옮겨가도록 한 후 [Enter↵]키를 눌러 선택되도록 한다.

실행 초기화면)

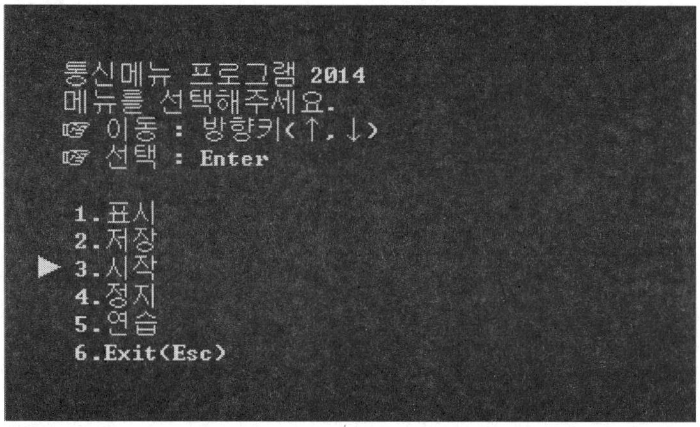

방향키를 이동하여 표시메뉴로 이동한 결과화면)

Enter↵키를 눌렀을 경우 해당 메뉴의 y좌표값으로 식별하여
명령어를 실행한 결과화면)

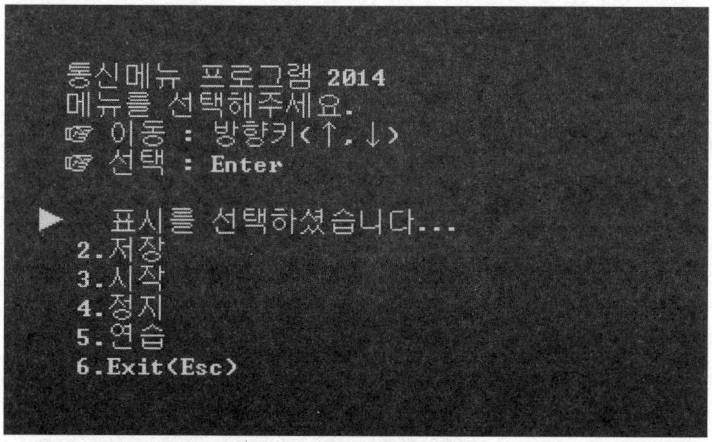

이와 같이 메뉴의 선택에 의해 진행되는 프로그램은 종료 메뉴가 선택될때까지 계속 반복해야 하므로 while 문 또는 do while문을 사용하고, 선택한 메뉴에 의해서 처리될 부분은 함수로 만들어야 한다. 추가적으로 화면에 메인 메뉴를 표시하는 부분도 함수로 만들어 관리하는 것이 용이하다.

메뉴의 선택에 의해 해당 함수를 호출하기 위해서 선택문인 switch case문을 사용한다. 위·아래 방향키 이동은 스캔 코드값으로 구분하여 커서를 이동하며, 해당 메뉴 실행은 Enter↵키의 아스키 코드값으로 구분하여 실행함수로 이동케 한다. 이동된 실행함수에서도 각 메뉴의 해당 실행함수를 호출하기 위해서 선택문인 switch case문을 사용한다. 메뉴 번호 선택은 해당 번호의 y좌표 값으로 구분하면 된다.

3.2 통신 메뉴 프로그램 작성

〈실습〉 콘솔창에 메뉴 표시

gotoxy()함수를 이용하여 콘솔창에 메뉴 한 줄 표시하는 프로그램을 작성한다.

```
//메뉴 한 줄 표시 예제
#include <windows.h>        //Sleep(),gotoxy()함수에서 사용하는 자료형와 함수
#include <stdio.h>
#include <stdlib.h>         //exit()
#include <conio.h>          //getch()

// 전역변수정의
int x,y;                    //전역변수 커서 좌표
COORD pos={0,0};
void *vp;

// 메인함수정의
void main(void)
{
        vp = GetStdHandle(STD_OUTPUT_HANDLE);
        system("cls");      //화면을 깨끗하게 지움

        //메뉴 화면 출력
        pos.X = 5-1;
        pos.Y = 3-1;
        SetConsoleCursorPosition(vp, pos);
        puts("통신 프로그램 2014");
        getch();
}
```

소스1.3_1

다음 결과와 같이 콘솔창에 메뉴 여러 줄 표시 프로그램을 작성한다.

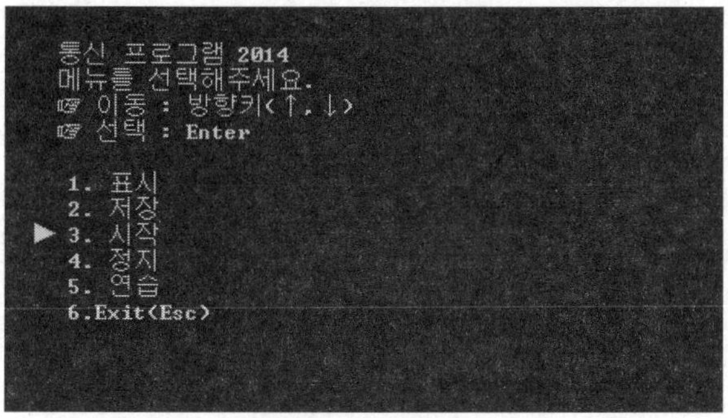


```
//메뉴 한 줄 표시 예제
#include <windows.h>        //Sleep(),gotoxy()함수에서 사용하는 자료형와 함수
#include <stdio.h>
#include <stdlib.h>                     //exit()
#include <conio.h>                      //getch()

// 매크로정의
#define conti4 8
#define conti5 9
#define conti6 10
#define conti8 11
#define conti9 12
#define EXIT 13

// 전역변수정의
int x,y;                    //전역변수 커서 좌표
COORD pos={0,0};
void *vp;
```

소스1.3_2

```
// 메인함수정의
void main(void)
{
        x = 3;
        y = conti6;                    //메뉴 출력시 "▶"가 있을 위치 설정
                                       //제일 먼저 실행할 "4. "에 위치
        vp = GetStdHandle(STD_OUTPUT_HANDLE);
        system("cls");       //화면을 깨끗하게 지움

        //메뉴 화면 출력
        pos.X = 5-1;
        pos.Y = 3-1;
        SetConsoleCursorPosition(vp, pos);
        puts("통신 프로그램 2014");

        pos.X = 5-1;
        pos.Y = 4-1;
        SetConsoleCursorPosition(vp, pos);
        puts("메뉴를 선택해주세요.");

        pos.X = 5-1;
        pos.Y = 5-1;
        SetConsoleCursorPosition(vp, pos);
        puts("☞ 이동 : 방향키(↑,↓)₩n     ☞ 선택 : Enter");

        pos.X = 5-1;
        pos.Y = conti4-1;
        SetConsoleCursorPosition(vp, pos);
        puts(" 1. 표시");

        pos.X = 5-1;
        pos.Y = conti5-1;
        SetConsoleCursorPosition(vp, pos);
        puts(" 2. 저장");

        pos.X = 5-1;
        pos.Y = conti6-1;
    SetConsoleCursorPosition(vp, pos);
        puts(" 3. 시작");
```
소스1.3_2

```
          pos.X = 5-1;
          pos.Y = conti8-1;
     SetConsoleCursorPosition(vp, pos);
          puts(" 4. 정지");

          pos.X = 5-1;
          pos.Y = conti9-1;
     SetConsoleCursorPosition(vp, pos);
          puts(" 5. 연습");

          pos.X = 5-1;
          pos.Y = EXIT-1;
     SetConsoleCursorPosition(vp, pos);
          puts(" 6.Exit(Esc)");

          pos.X = x-1;
          pos.Y = y-1;
     SetConsoleCursorPosition(vp, pos);
          printf("▶");

          getch();
}
```

소스1.3_2

위 결과와 같이 실행되면서 다음과 같이 반복하여 실행된 명령들을 함수로 작성하여 프로그래밍 해 본다.

```
//반복되는 명령어
          pos.X = 5-1;
          pos.Y = 3-1;
         SetConsoleCursorPosition(vp, pos);
```

```
//gotoxy() 함수 사용 예제
#include <windows.h>        //Sleep(),gotoxy()함수에서 사용하는 자료형와 함수
#include <stdio.h>
#include <stdlib.h>                     //exit()
#include <conio.h>                      //getch()

// 매크로정의
#define conti4 8
#define conti5 9
#define conti6 10
#define conti8 11
#define conti9 12
#define EXIT 13

// 함수선언
void gotoxy(int x, int y);

// 전역변수정의
int x,y;                    //전역변수 커서 좌표

// 메인함수정의
void main(void)
{
        x = 3;
        y = conti6;         //메뉴 출력시 "▶"가 있을 위치 설정
        //메뉴 화면 출력
        system("cls");      //화면을 깨끗하게 지움
        gotoxy(5,3);        puts("통신프로그램 2014");
        gotoxy(5,4);        puts("메뉴를 선택해주세요.");
        gotoxy(5,5);        puts("☞ 이동 : 방향키(↑,↓)₩n     ☞ 선택 : Enter");
        gotoxy(5,conti4);   puts(" 1.표시");
        gotoxy(5,conti5);   puts(" 2.저장");
        gotoxy(5,conti6);   puts(" 3.시작");
        gotoxy(5,conti8);   puts(" 4.정지");
        gotoxy(5,conti9);   puts(" 5.연습");
        gotoxy(5,EXIT);     puts(" 6.Exit(Esc)");
        gotoxy(x, y);       printf("▶");
        getch();
}
```

소스1.3_3

```
// 함수정의
void gotoxy(int x, int y)//(x,y)좌표로 커서를 이동
{
        COORD pos={x-1,y-1};  //콘솔 화면의 원점은 (0,0)
    SetConsoleCursorPosition(GetStdHandle(STD_OUTPUT_HANDLE), pos);
}
```

소스1.3_3

<실습>

화면에 메인메뉴를 표시하는 부분을 menu_display() 함수로 하여 같은 결과가 나오도록 프로그래밍 해보자.

```
#include <windows.h>        //Sleep(),gotoxy()함수에서 사용하는 자료형와 함수
#include <stdio.h>
#include <stdlib.h>                  //exit()
#include <conio.h>                   //getch()

// 매크로정의
#define conti4 8
#define conti5 9
#define conti6 10
#define conti8 11
#define conti9 12
#define EXIT 13

// 함수선언
void menu_display();
void gotoxy(int x, int y);

// 전역변수정의
int x,y;                    //전역변수 커서 좌표
```

소스1.3_4

```
// 메인함수정의
void main(void)
{
        x = 3;
        y = conti6;          //메뉴 출력시 "▶"가 있을 위치 설정
        menu_display();
        getch();
}

void menu_display()  //메뉴 디스플레이
{
         //제일 먼저 실행할 "4. 룰렛 6연발"에 위치
        //메뉴 화면 출력
        system("cls");        //화면을 깨끗하게 지움
        gotoxy(5,3);          puts("통신프로그램 2014");
        gotoxy(5,4);          puts("메뉴를 선택해주세요.");
        gotoxy(5,5);          puts("☞ 이동 : 방향키(↑,↓)₩n     ☞ 선택 : Enter");

        gotoxy(5,conti4);   puts("  1.표시");
        gotoxy(5,conti5);   puts("  2.저장");
        gotoxy(5,conti6);   puts("  3.시작");
        gotoxy(5,conti8);   puts("  4.정지");
        gotoxy(5,conti9);   puts("  5.연습");
        gotoxy(5,EXIT);     puts("  6.Exit(Esc)");
        gotoxy(x, y);       printf("▶");
        getch();
}

void gotoxy(int x, int y)//(x,y)좌표로 커서를 이동
{
        COORD pos={x-1,y-1};  //콘솔 화면의 원점은 (0,0)
    SetConsoleCursorPosition(GetStdHandle(STD_OUTPUT_HANDLE), pos);
}
```

소스1.3_4

<실습>

콘솔창을 실행시 Esc키를 눌렀을 경우 프로그램을 종료하도록 하는 프로그램 작성한다.

조건)

메뉴의 선택에 의해 진행되는 프로그램은 종료 메뉴가 선택될 까지 계속 반복해야 하므로 while 문을 사용한다.

메뉴의 선택에 의해 해당 함수를 호출하기 위해서 선택문인 switch case문을 사용하며 ESC키의 아스키코드값으로 이용하여 프로그램을 종료할 수 있도록 한다.

>> While문과 Switch문 사용

Switch문

```
while(1)
{
        key=getch();
        switch(key)
      {
          case ???   :
              exit(0);
              break;
          case     :
              break;
      }
}
```

소스)

```
//ESC키 종료 예제
#include <windows.h>        //Sleep(),gotoxy()함수에서 사용하는 자료형와 함수
#include <stdio.h>
#include <stdlib.h>                    //exit()
#include <conio.h>                     //getch()

// 매크로정의
#define conti4 8
#define conti5 9
#define conti6 10
#define conti8 11
#define conti9 12
#define EXIT 13
// 함수선언
void menu_display();
void gotoxy(int x, int y);

// 전역변수정의
int x,y;                    //전역변수 커서 좌표

void main(void)
{
        char key;
        x = 3;
        y = conti6;         //메뉴 출력시 "▶"가 있을 위치 설정
                                  menu_display();    //메뉴 화면 출력
        while(1)
        {
           key=getch();           //문자저장
           switch(key)
           {
                case 27:                //Esc키 누르면 프로그램 종료
                        exit(0);    break;
                default:
                        break;
           }//switch
        }//while()
}
```

소스1.3_5

```
// 함수정의
void menu_display()  //메뉴 디스플레이
{
        system("cls");        //화면을 깨끗하게 지움
        gotoxy(5,3);          puts("통신프로그램 2014");
        gotoxy(5,4);          puts("메뉴를 선택해주세요.");
        gotoxy(5,5);          puts("☞ 이동 : 방향키(↑,↓)₩n      ☞ 선택 : Enter");

        gotoxy(5,conti4);  puts("  1.표시");
        gotoxy(5,conti5);  puts("  2.저장");
        gotoxy(5,conti6);  puts("  3.시작");
        gotoxy(5,conti8);  puts("  4.정지");
        gotoxy(5,conti9);  puts("  5.연습");
        gotoxy(5,EXIT);    puts("  6.Exit(Esc)");
        gotoxy(x, y);      printf("▶");
}

void gotoxy(int x, int y)//(x,y)좌표로 커서를 이동
{
        COORD pos={x-1,y-1};  //콘솔 화면의 원점은 (0,0)
        SetConsoleCursorPosition(GetStdHandle(STD_OUTPUT_HANDLE), pos);
}
```

소스1.3_5

<실습> 화살표키를 이용한 문자 이동 프로그래밍

화살표키를 이용하여 숫자번호 1-5상에서 화살표 문자(▶)를 위·아래로 이동하는 프로그램을 작성한다.

```
while(1)
{
   key=getch();                          //입력되는 문자저장
   switch(key)
   {
         case 72:                        //방향키(↑)
                     y = y -1;           //이동하여 "▶"그림
                   if(y < 8) y=13;       //8-13사이의 값만 받음
                   gotoxy(x,y);
                   printf("▶");
                     break;
         case 80:                        //방향키 (↓)
                     y = y + 1;          //이동하여 "▶"그림
                     if(y > 13) y=8;     //8-13사이의 값만 받음
                     gotoxy(x,y);
                     printf("▶");
                     break;
         case 27:                        //Esc키 누르면 프로그램 종료
                     exit(0);
                     break;
         default:
                     break;
   }//switch
}//while()
```

소스1.3_6

잔상이 남기 때문에 이전에 표시되었던 문자는 공백으로 덮어씌워 지운 후 커서를 이동하도록 한다.

또한 소스1.3_6의 파란색 부분을 Move()함수로 정의하여 작성하여 보도록 한다.

<실습> 위·아래 좌표 이동 move 함수 작성

```
// move함수 내용
void move(int q) //키보드 입력에 따라 커서 움직임(+1,-1 : 아래,위로)
{
        gotoxy(x,y);      //전에 있던 "▶" 공백으로
                                   덮어씀(지우기)
         printf("   ");
         y = y + q;       //이동하여 "▶"그림

         y 좌표 값이 8~13사이로만
         이동하도록 제한

         gotoxy(x,y);
         printf("▶");
}
```

```
void main(void) {
      char key;
       x = 3;
       y = conti6;   //메뉴 출력시 "▶"가 있을 위치 설정
       menu_display();       //메뉴 화면 출력
       while(1)     {
           key=getch();           //문자저장
           switch(key)
           {
              ~
           }//switch
       }//while()
}
```

switch문을 완성하시오.
key값에 따라서 ▶이동할
수 있도록

소스)

```
//move함수 예제
#include <windows.h>        //Sleep(),gotoxy()함수에서 사용하는 자료형와 함수
#include <stdio.h>
#include <stdlib.h>                      //exit()
#include <conio.h>                       //getch()

// 매크로정의
#define conti4 8
#define conti5 9
#define conti6 10
#define conti8 11
#define conti9 12
#define EXIT 13

// 함수선언
void menu_display();
void move(int q);
void gotoxy(int x, int y);

// 전역변수정의
int x,y;                     //전역변수 커서 좌표

void main(void)
{
        char key;
        x = 3;
        y = conti6;          //메뉴 출력시 "▶"가 있을 위치 설정
                             //제일 먼저 실행할 "4. 룰렛 6연발"에 위치
        menu_display();      //메뉴 화면 출력
        while(1)
        {
          key=getch();           //문자저장
          switch(key)
          {
               case 72:                 //방향키(↑)
                                     move(-1);
                                     break;
```

소스1.3_7

```
                case 80:                //방향키 (↓)
                                        move(1);
                                        break;
                case 27:                //Esc키 누르면 프로그램 종료
                                        exit(0);
                                        break;
                default:
                                        break;
                }//switch
        }//while()
}

// 함수정의
void menu_display()  //메뉴 디스플레이
{
        system("cls");          //화면을 깨끗하게 지움
        gotoxy(5,3);            puts("통신프로그램 2014");
        gotoxy(5,4);            puts("메뉴를 선택해주세요.");
        gotoxy(5,5);            puts("☞ 이동 : 방향키(↑,↓)₩n      ☞ 선택 : Enter");

        gotoxy(5,conti4);   puts(" 1.표시");
        gotoxy(5,conti5);   puts(" 2.저장");
        gotoxy(5,conti6);   puts(" 3.시작");
        gotoxy(5,conti8);   puts(" 4.정지");
        gotoxy(5,conti9);   puts(" 5.연습");
        gotoxy(5,EXIT);     puts(" 6.Exit(Esc)");
        gotoxy(x, y);       printf("▶");
}

void move(int q)//키보드 입력에 따라 커서 움직임(+1,-1 : 아래,위로)
{
        gotoxy(x,y);            //전에 있던 "▶" 공백으로 덮어씀(지우기)
        printf("  ");
        y = y + q;                              //이동하여 "▶"그림
        if(y > 13) y=8;         //8-13사이의 값만 받음
        if(y < 8) y=13;
        gotoxy(x,y);
        printf("▶");
}
```

소스1.3_7

```
void gotoxy(int x, int y)//(x,y)좌표로 커서를 이동
{
        COORD pos={x-1,y-1};  //콘솔 화면의 원점은 (0,0)
    SetConsoleCursorPosition(GetStdHandle(STD_OUTPUT_HANDLE), pos);
}
```

소스1.3_7

다음은 y좌표값에 따라 선택된 메뉴가 선택되어졌다는 메시지를 1초동안 출력하는 프로그램을 run()함수를 이용하여 작성하여 보자.

```
void main(void) {
 while(1){
    key=getch();           //문자저장
    switch(key)
    {
      case 13:
         run(y)
          ~
          switch문을 완성하시오.
     }//switch
 }//while()
}
```

move함수

```
void run(int y)
        //엔터키 누르면 실행할 함수
        //결정(y좌표값에 따라서)
{
  switch(y)
  {
    case :
      printf("1번  표시를 선택하셨습니다.");
                 ~
  }
}
```

move함수

Sleep() 함수 : 컴퓨터를 잠깐 대기시키는 함수로 일정시간 지연시킬 때 사용된다.

Sleep(임의의 수) :1/1000 Sec

실행결과>>

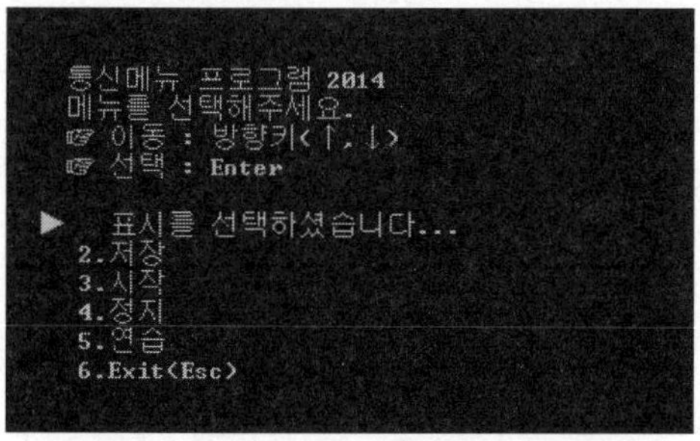

소스)

```
//Sleep() 함수를 사용한 예제
#include <windows.h>        //Sleep(),gotoxy()함수에서 사용하는 자료형와 함수
#include <stdio.h>
#include <stdlib.h>                 //exit()
#include <conio.h>                  //getch()

// 매크로정의
#define conti4 8
#define conti5 9
#define conti6 10
#define conti8 11
#define conti9 12
#define EXIT 13

// 함수선언
void menu_display();
void move(int q);
void gotoxy(int x, int y);

// 전역변수정의
int x,y;                    //전역변수 커서 좌표
```

소스1.3_8

```
void main(void)
{
        char key;
        x = 3;
        y = conti6;          //메뉴 출력시 "▶"가 있을 위치 설정
                             //제일 먼저 실행할 "4. 룰렛 6연발"에 위치
        menu_display();      //메뉴 화면 출력
        while(1)
        {
          key=getch();           //문자저장
          switch(key)
          {
               case 13:               //엔터키
                              run(y);
                              break;
               case 72:               //방향키(↑)
                              move(-1);
                              break;

               case 80:               //방향키 (↓)
                              move(1);
                              break;
               case 27:               //Esc키 누르면 프로그램 종료
                              exit(0);
                              break;
               default:
                              break;
               }//switch
        }//while()
}

// 함수정의
void menu_display()  //메뉴 디스플레이
{
        system("cls");       //화면을 깨끗하게 지움
        gotoxy(5,3);         puts("통신프로그램 2014");
        gotoxy(5,4);         puts("메뉴를 선택해주세요.");
        gotoxy(5,5);         puts("☞ 이동 : 방향키(↑,↓)₩n     ☞ 선택 : Enter");
```

소스1.3_8

```
            gotoxy(5,conti4);   puts("  1.표시");
            gotoxy(5,conti5);   puts("  2.저장");
            gotoxy(5,conti6);   puts("  3.시작");
            gotoxy(5,conti8);   puts("  4.정지");
            gotoxy(5,conti9);   puts("  5.연습");
            gotoxy(5,EXIT);      puts("  6.Exit(Esc)");
            gotoxy(x, y);       printf("▶");
}

void move(int q)//키보드 입력에 따라 커서 움직임(+1,-1 : 아래,위로)
{
            gotoxy(x,y);              //전에 있던 "▶" 공백으로 덮어씀(지우기)
            printf("  ");
            y = y + q;                                     //이동하여 "▶"그림
            if(y > 13) y=8;        //8-13사이의 값만 받음
            if(y < 8) y=13;
            gotoxy(x,y);
            printf("▶");
}

void run(int y) //엔터키 누르면 실행할 함수 결정(y 좌표값에 따라서)
{
            switch(y)
            {
                        case conti4:
                                    printf("    1번 표시를 선택하였습니다...");
                                    Sleep(1000);   break;
                        case conti5:
                                    printf("    2번 저장을 선택하였습니다...");
                                    Sleep(1000);    break;
                        case conti6:
                                    printf("     3번 시작을 선택하였습니다...");
                                    Sleep(1000);   break;
                        case conti8:
                                    printf("     4번 정지를 선택하였습니다...");
                                    Sleep(1000);   break;
```

소스1.3_8

```
                case conti9:
                        printf("     5번 연습을 선택하였습니다...");
                        Sleep(1000);
                        break;
                case EXIT:
                        exit(0);
                        break;
                default:
                        break;
        }
        menu_display();
}
```

소스1.3_8

2장 시리얼 통신 프로그램

1. 시리얼통신이란?

2. 통신 프로그래밍

2장 시리얼 통신 프로그램

1. 시리얼통신이란?

시리얼통신은 직렬통신방식을 일컫는 용어이다. 한 순간에 하나의 비트만을 주변장치와 송수신하는 방식이다. 구현하기가 용이하고, 비교적 먼 거리간에도 통신이 가능하다. 기존의 통신선로를 활용하기 때문에 비용 절감 효과도 있다.

인터페이스로는 RS-232C가 대표적이다.

직렬통신과 반대되는 개념으로 병렬통신이 있다. 병렬통신은 한꺼번에 많은 정보를 교환할 수 있는 방법으로, HDD, FDD, VIEDO 카드, 프린터등의 가까운 거리상의 통신에 많이 사용되고 있다. 여러 선을 사용함으로써 발생되는 비용 및 통신거리의 제한, 구현상의 기술적인 어려움 등이 발생하는 단점을 안고 있다.

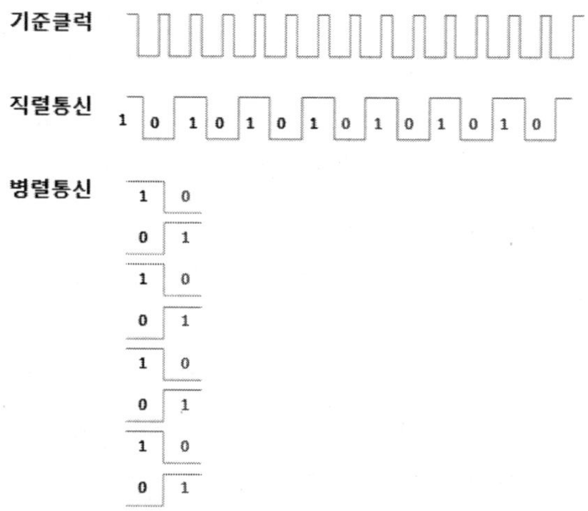

직렬통신과 병렬통신의 동작 차이

직렬통신이 갖는 특성들을 살펴보도록 한다.

1) 비트단위 데이터 전송

송신측에서는 시작 비트를 먼저 송신하고 이어서 데이터 비트를 한번에 1비트씩 송신, 모든 데이터 비트의 송신이 완료되면 스톱 비트를 송신한다.

시작비트는 0으로 설정된다. 수신측에서는 시작비트가 감지된 이후에 수신된 데이터

비트들을 조립하여 바이트를 만든다. 데이터 비트의 수신은 스톱비트가 감지될 때까지 계속되며, 스톱비트는 1로 설정된다.
데이터비트 수는 7 또는 8로 되며, 7비트라면, ASCII 값보다 큰 값을 보낼 수 없다.

2) 데이터 통신 속도
Baud Rate로 측정된다. Baud Rate는 1초에 몇 개의 신호가 전달되는 가를 나타내는 단위로 하나의 신호에 하나의 비트(둘인경우: 디비트, 셋인경우: 트리비트, 넷인 경우: 쿼드비트)가 전송된다. 예를 들면, 1000Bauds는 초당 1000비트 전송을 말하며, 1비트 전송에는 1ms 소요된다.

3)동기식과 비동기식
동기식과 비동기식은 송수신이 제대로 이루어졌는지를 확인하는 기능이 있느냐 없느냐로 구분된다.
동기식은 송수신간 약속된 신호펄스로 데이터를 확인하며, 비동기식은 송신측에서 데이터에 시작/정지비트가 추가되어 수신측에서 수신 데이터만을 갖고 바이트로 복원하는 방식이다. 동기식은 여러문자를 수용하는 데이터 블록단위로 전송하는 방식이다. 문자나 비트들의 블록은 시작비트나 정지비트없이 전송되는 데 송수신자간의 시간차이를 방지하기위해 동기화가 필요하다. 동기화를 이루는 가장 단순한 방법은 데이터 신호선외에 동기클락용의 신호선을 별도로 설치하는 방법과 데이터 신호에 클락정보를 포함시켜 동기화하는 것이다. 동기식 전송에서는 수식측에서 데이터블록의 시작과 끝은 결정할 수 있도록, 각 블록은 프리앰블 비트패턴으로 시작하고, 포스트앰블 비트패턴으로 끝난다. 이들은 데이터가 아니라 제어정보로 데이터와 제어정보를 합쳐서 프레임이라 부른다. 동기식 전송방식은 고속 데이터전송에 적합하다.
비동기식은 보통 낮은 전송속도에서 사용되며 시작비트와 정지비트 사이의 간격이 가변적이므로 불규칙적인 전송에 적합하다. 시리얼통신에서는 비동기식 방식이 사용된다.

2. 통신 프로그래밍

2.1 하이퍼터미널을 이용한 통신

통신프로그래밍을 하기 전에 먼저 통신이 어떻게 이루어지는지 응용프로그램을 통하여 그 절차를 확인하고자 하이퍼터미널을 이용한 통신을 실행하여 본다.

1) 하이퍼터미널 설정

하이퍼터미널 프로그램은 운영체제 윈도우 7 이전 버전에서 제공 된다. 사용자가 윈도우7 이전 버전이라면 다음과 같은 방법으로 하이퍼터미널을 실행시키면 된다.
[프로그램-보조 프로그램-통신-하이퍼터미널 실행]

만약 윈도우7 운영체제를 사용하고 있다면 별도로 프로그램을 설치하여야 한다.
프로그램이 설치되어 실행된다고 가정하에 설명한다.

먼저,

① 연결 이름을 설정한다.

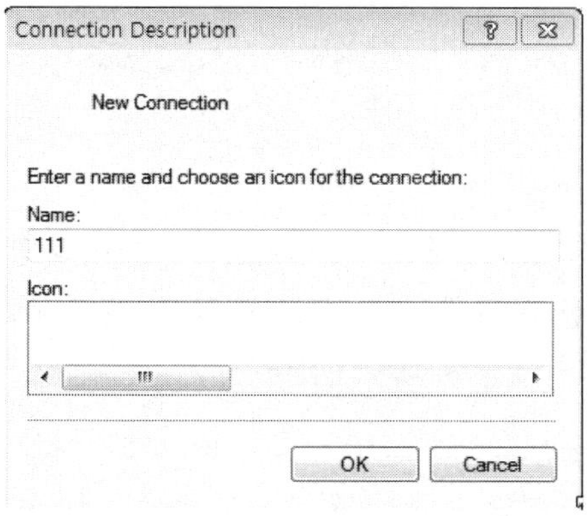

②통신 포트 선택(RS232C케이블 연결된 통신포트 선택)

connect using에서 연결된 통신포트를 선택한다. 목록에 표시되는 포트는 제어판의 장치관리자-포트에서 확인할 수 있다.

③통신포트의 속성에서 포트설정을 한다.

- 통신속도: 9600bps
- 시작비트1,
- 정지비트 1,
- 패리티비트 0
- 흐름제어 없음

여기서 흐름제어는 핸드셰이킹 기능의 RTS/CTSsk DTR/DSR 신호들을 사용하려면 해당되는 것을 선택하면 된다. 또한 흐름제어를 위한 XON/XOFF 프로토콜의 사용 여부를 선택하면 된다.

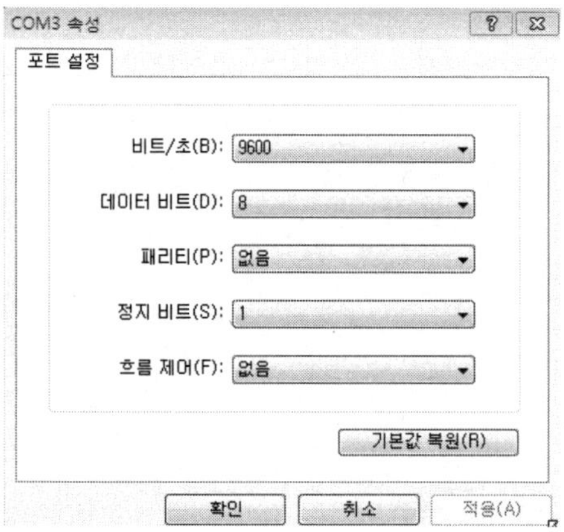

④ 전화기 아이콘 모양이 수화기가 내려져 있으면 통신이 끊김을 나타내며, 수화기가 들어져 있으면 현재 통신중임을 나타낸다.

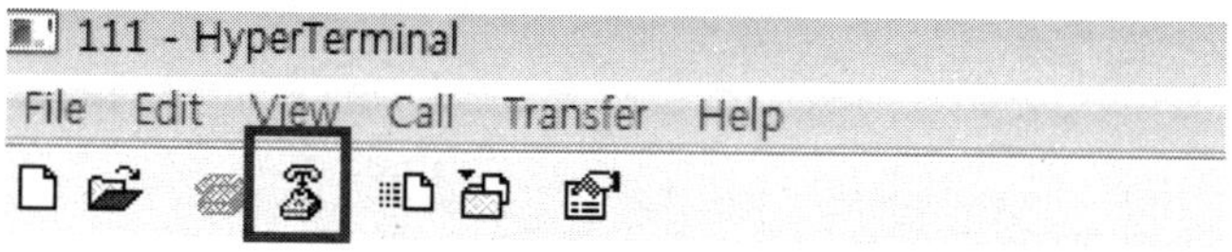

⑤ 하이퍼터미널창에 데이터를 입력하면 입력된 데이터가 표시되어야 하는 데 다음과 같이 보이지 않을 수 있다. 그러한 경우 다음과 같은 방법으로 속성을 설정하면 입력된 데이터가 하이퍼터미널창에 보일 것이다.

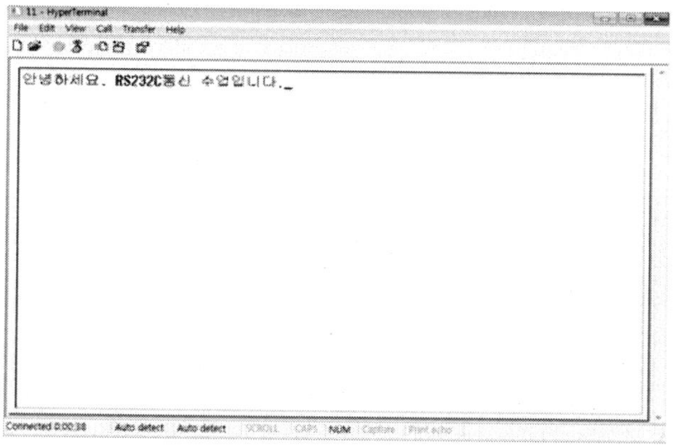

입력한 데이터를 출력인 하이퍼터미널에서 보려면 다음과 같이 설정한다.

① 속성창-설정탭-ASCII설정 선택

② 줄끝에 LF(Line Feed)를 붙여보냄 선택

③ 입력된 문자를 터미널창에 표시 선택

TIP!
ESC+C : 화면 클리어

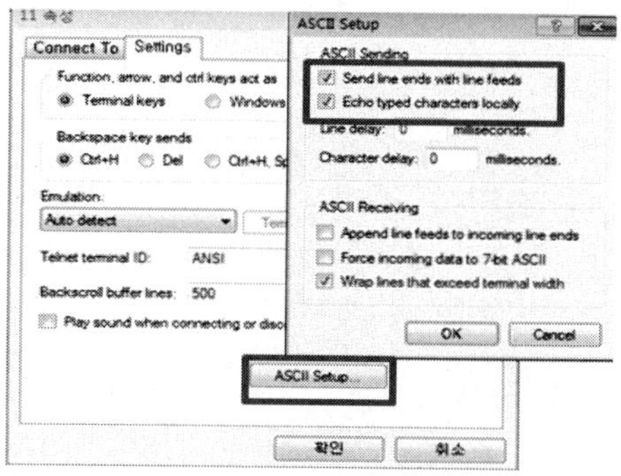

실습1>

한 대의 PC에서 두 개의 하이퍼터미널을 실행하여 두 개의 하이퍼터미널이 서로 통신되도록 한다.

통신 예:

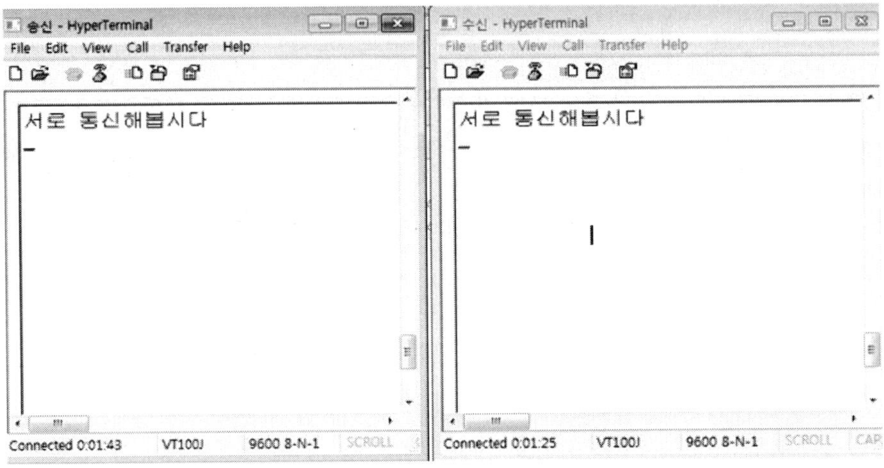

실습2>

2대의 PC를 RS232C 케이블로 연결한 후 하이퍼터미널을 이용하여 서로 통신이 되도록 하시오.

통신 예:

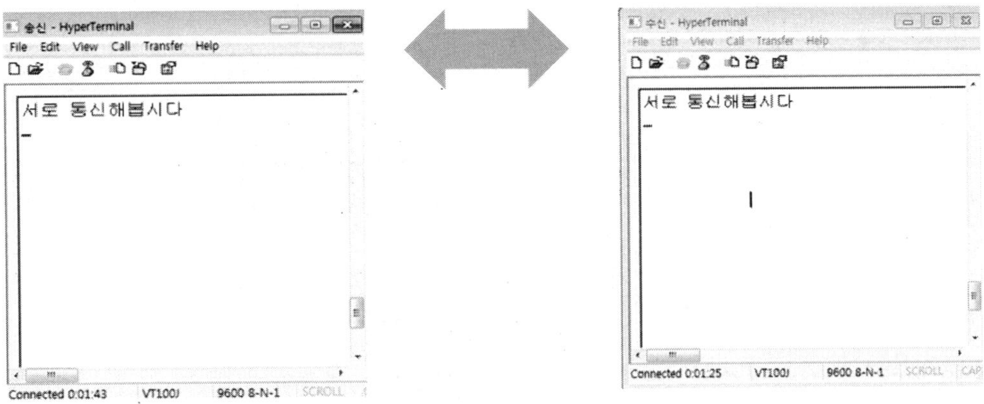

2.2 시리얼통신 통신프로그램 기본 구조

2.1의 하이퍼터미널을 이용하여 통신을 실행해 보았을 것이다. 그러면 여러분이 통신을 하기 위해서 하이퍼터미널 실행 전 어떤 것을 선택하였으며, 어떤 설정을 해 보았는지 상기시켜 보자.

그러한 절차를 그대로 프로그램으로 구현한다.

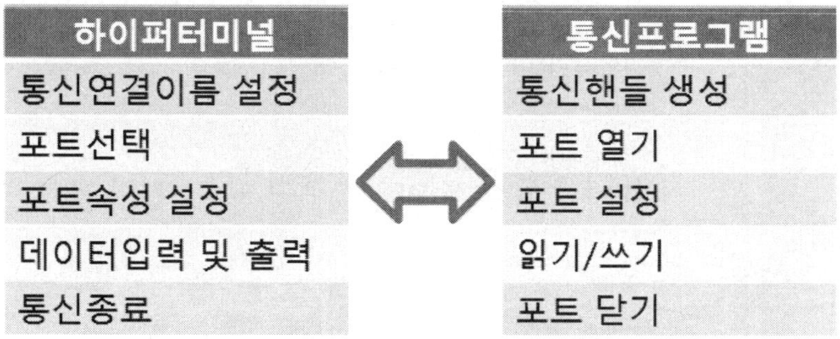

하이퍼터미널 실행절차와 통신프로그램 절차 비교

1) 통신 프로그램의 기본 구조

통신프로그램은 콘솔창에 전송하고자 하는 문자열을 입력하면 케이블이 연결된 하이퍼터미널로 데이터를 전송하는 프로그램 구조를 갖고 있다. 콘솔 기반으로 하는 통신 프로그램의 기본구조는 다음과 같다.

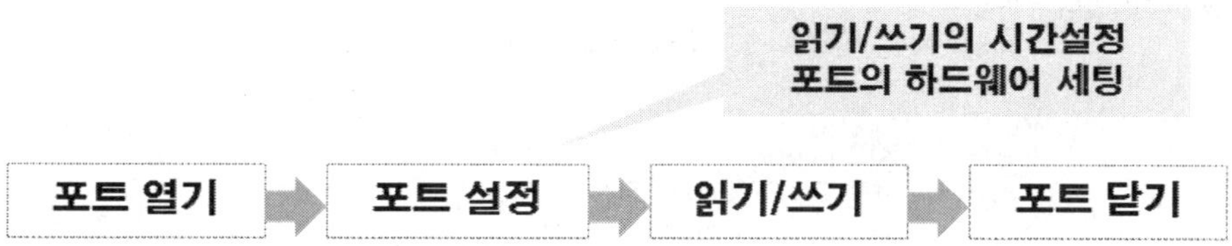

포트 열기	포트 설정	읽기/쓰기	포트 닫기
CreateFile()	CommTimeOuts GetCommTimeOuts SetCommTimeOuts DCB 구조체 선언 GetCommState SetCommState	ReadFile() WriteFile()	CloseHandle()

2) 통신 프로그램 작성 절차

①	int main()	콘솔 프로그램 시작
②	CreateFile 포트 열기	포트를 열면서 핸들에 값을 저장
③	CommTimeOuts 타임아웃설정	읽기, 쓰기의 시간 설정
④	DCB 구조체 설정 (하드웨어 세팅)	포트의 하드웨어 세팅

⑤	While(1)
	{
	문자입력,
	문자전송(WriteFile)
	}
		무한 반복으로 문자입력을 받고,
		받은 문자를 WriteFile으로 전송

⑥	CloseHandle 핸들종료	핸들을 종료

2) 통신 프로그램 각 단계별 함수

(1) 포트 열기

CreateFile 함수를 이용해서 통신포트를 열며, 포트 열기에 사용되는 CreateFile() 함수 의 원형은 위 그림과 같다.

```
HANDLE hComm;
hComm = CreateFile(gszPort,
                   GENERIC_READ | GENERIC_WRITE,
                   0,
                   0,
                   OPEN_EXISTING,
                   FILE_FLAG_OVERLAPPED,
                   0 );
```

```
HANDLE CreateFile(
      LPCTSTR lpFileName,            // 포트 이름을 가리키는 버퍼의 포인터
      DWORD dwDesiredAccess,         // 액세스모드(READ, WRITE)
      DWORD dwShareMode,             // 포트의 공유 방법 비정 ( 공유 불가: 0으로
      설정 )
      LPSECURITY_ATTRIBUTES lpSecurityAttributes,       // 보안 속성
      DWORD dwCreationDisposition,                      // 포트 여는 방법 지정
      (OPEN_EXISTING로 기존 파일 지정 )
      DWORD dwFlagsAndAttributes,   // 포트 속성 지정
     HANDLE hTemplateFile           // 템플레이트 파일의 핸들(항상 NULL로)
      );
```

다음은 CreateFile() 함수의 각 인자에 대한 설명이다.

- lpFileName : COM1이나 COM2 등의 연결된 시리얼 포트 이름을 지정한다.(LPT1 같은 프린터 포트도 지정할 수 있다.)
- dwDesiredAccess : 아래의 Access Mode를 지정한다.(둘 다 사용하려면 or(¦)로 지정한다.)

값	의미
0	디바이스의 속성을 묻는다.
GENERIC_READ	읽기 액세스. 쓰기를 할 때는 GENERIC_WRITE를 조합해서 지정
GENERIC_WRITE	쓰기 액세스. 읽기를 할 때는 GENERIC_READ를 조합해서 지정

일반적으로 시리얼 포트는 입출력이 가능하기 때문에 GENERIC_READ ¦ GENERIC_WRITE로 설정한다.

- dwShareMode : 포트의 공유모드로 아래의 값으로 설정할 수 있다. 0을 지정하면 공유하지 않는다.(여러 개를 선택하려면 or(¦)로 지정한다.)

값	의미
FILE_SHARE_DELETE	Windows NT 일 경우만 : 후속의 오픈 조작으로 삭제 액세스가 요구될 때, 그 오픈을 허가
FILE_SHARE_READ	후속의 오픈 조작으로 읽기 액세스가 요구될 때 그 오픈을 허가
FILE_SHARE_WRITE	후속의 오픈 조작으로 쓰기 액세스가 요구될 때 그 오픈을 허가

포트는 파일과 달리 공유할 수 없기 때문에 0으로 지정한다. 이 경우는 이미 오픈 되어진 포트를 다른 프로세스가 오픈하려고 하면 CreateFile()은 에러가 된다. 하지만 같은 프로세스의 복수 스레드는 CraeteFile()로 반환된 핸들을 공유할 수 있다.

- lpSecurityAttributes : 보안 속성으로 SECURITY_ATTRIBUTES 구조체의 포인터이다. NULL을 설정하면 핸들은 자식 프로세스에 계승되어지지 않는다.
- dwCreationDisposition : 파일이 존재할 때 또는 존재하지 않을 때, 각각의 동작을 지정한다. 시리얼포트는 기존 파일 이외에 있을 수 없기 때문에 OPEN_EXISTING을 지정한다.

- dwFlagsAndAttributes : 파일의 속성 및 플래그를 지정한다. 시리얼 포트에서 사용할만한 플래그는 FILE_FLAG_OVERLAPPED인데, 붙여서 사용하면 오버랩 상태이고, 0으로 호출하면 논 오버랩 작업이 된다.

값	의미
FILE_FLAG_OVERLAPPED	시간이 걸리는 처리에 있어서 ERROR_IO_PENDING을 반환하도록 한다. 처리가 끝나면 이벤트가 시그널 상태로 설정된다. 이 플래그를 지정했을 때는 ReadFile 함수나 WriteFile 함수로 OVERLAPPED 구조체를 지정해야만 된다.

- hTemplateFile : 시리얼 포트에 관계없기 때문에 NULL을 지정한다. CreateFile을 한 후 그 값을 핸들에 넣어 사용하게 된다. CreateFile을 한 후 에러가 생기면 INVALID_HANDLE_VALUE 값을 반환하게 된다.

(2) 포트 시간 설정

시리얼 통신 중 수신된 데이터를 읽으려 할 때, 상대 시스템에서 데이터를 보내줄 때까지 무한정 기다릴 수는 없다. 이러한 데이터 송수신 중에 발생할 수 있는 여러 시간에 관련된 여러 가지 설정을 하기 위해 SetCommTimeouts 함수를 사용한다. 함수의 원형은 다음과 같다.

```
BOOL SetCommTimeouts(
    HANDLE hFile,                          // 시리얼통신 하드웨어 파일 핸들
    LPCOMMTIMEOUTS lpCommTimeouts
        //hFile이 가리키는 객체에 시간설정 정보가 저장되어 있는 변수의 주소
);
```

<시간정보 값 구성>

```
typedef struct _COMMTIMEOUTS {
    DWORD ReadIntervalTimeout;
    DWORD ReadTotalTimeoutMultiplier;
    DWORD ReadTotalTimeoutConstant;
    DWORD WriteTotalTimeoutMultiplier;
    DWORD WriteTotalTimeoutConstant;
} COMMTIMEOUTS, *LPCOMMTIMEOUTS;
```

- hFile: 시리얼통신 하드웨어를 제어할 수 있는 파일 핸들
- lpCommTimeouts: hFile이 가리키는 객체에 시간설정 정보가 저장되어 있는 변수의 주소
- lpCommTimeouts: 시간정보 값을 넣어 놓아야 하는데, 시간정보 값은 다음과 같이 구성된다.
    · ReadIntervalTimeout : 데이터가 들어올 때 두 바이트의 입력이 이루어지는 시간으로, 이 이상의 시간까지 다음 바이트의 입력이 없을 경우에는 입력 값을 리턴하고 RX_CHAR Message를 발생시킨다.
    · ReadTotalTimeoutMultiplier × ReadTotalTimeoutConstant : 읽기동작에 걸리는 총 시간으로 이 값이 0이면 사용하지 않는다는 뜻이다.
    · WriteTotalTimeoutMultiplier × WriteTotalTimeoutConstant : 쓰기동작에 걸리는 총 시간으로 이 값이 0이면 사용하지 않는다는 뜻이다. 이 매개변수들을 설정한 후, SetCommTimeouts()함수를 호출하여 Timeout 값을 설정한다.

(3) 통신 포트 값 설정

앞에서도 하이퍼터미널의 사용을 위해 통신포트의 값들을 설정 해 보았다. 통신 프로그램에서도 이러한 설정을 해야 하는데, 예를 들어 통신의 속도나, 패리티비트의 사용유무 등을 SetCommState 함수를 사용하여 설정을 할 수가

있다. 이러한 설정에 관한 변수는 많아서 모든 값을 하나하나 설정하기 곤란한 경우가 많다. 이럴 경우 기존에 설정되어 있는 값을 읽어서 필요한 부분만 설정을 할 수 있는데, 이 때, GetCommState 함수를 사용한다.

```
BOOL GetCommState(
    HANDLE hFile, // 시리얼통신 하드웨어 파일 핸들
    LPDCB lpDCB // 하드웨어 디바이스설정 구조체 변수주소
);
```

```
BOOL SetCommState(
    HANDLE hFile, // 시리얼통신 하드웨어 파일 핸들
    LPDCB lpDCB // 하드웨어 디바이스설정 구조체 변수주소
);
```

- lpDCB : 통신설정을 하기 위한 정보를 저장할 수 있는 변수들의 집합인 구조체 변수의 시작 주소이다. DCB는 구조체 형태의 자료이다. DCB 구초체에는 많은 변수가 있다. C++ 프로그램의 에디터창에서 DCB 위에 마우스를 올려놓고 마우스 오른쪽 버튼메뉴 -Go To Definiction of DCB를 선택하면 DCB 구조체의 변수들을 확인할 수 있다.

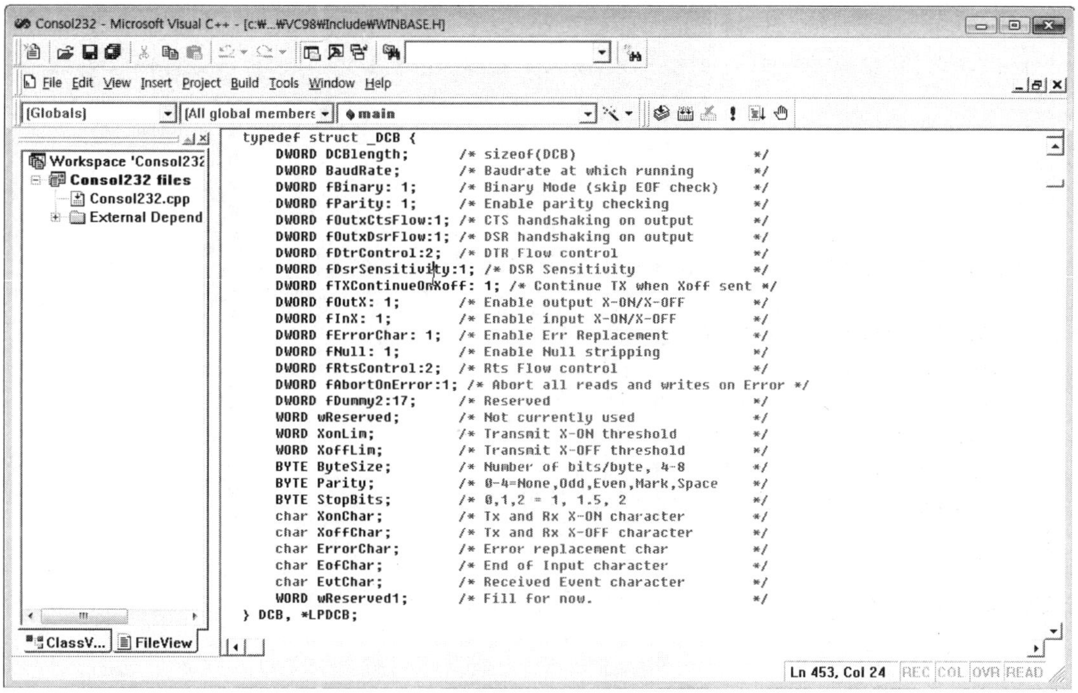
Consol232 - Microsoft Visual C++ - [c:₩...₩VC98₩Include₩WINBASE.H]
File Edit View Insert Project Build Tools Window Help
[Globals] [All global members] main
Workspace 'Consol232
Consol232 files
Consol232.cpp
External Depend
typedef struct _DCB {
DWORD DCBlength; /* sizeof(DCB) */
DWORD BaudRate; /* Baudrate at which running */
DWORD fBinary: 1; /* Binary Mode (skip EOF check) */
DWORD fParity: 1; /* Enable parity checking */
DWORD fOutxCtsFlow:1; /* CTS handshaking on output */
DWORD fOutxDsrFlow:1; /* DSR handshaking on output */
DWORD fDtrControl:2; /* DTR Flow control */
DWORD fDsrSensitivity:1; /* DSR Sensitivity */
DWORD fTXContinueOnXoff: 1; /* Continue TX when Xoff sent */
DWORD fOutX: 1; /* Enable output X-ON/X-OFF */
DWORD fInX: 1; /* Enable input X-ON/X-OFF */
DWORD fErrorChar: 1; /* Enable Err Replacement */
DWORD fNull: 1; /* Enable Null stripping */
DWORD fRtsControl:2; /* Rts Flow control */
DWORD fAbortOnError:1; /* Abort all reads and writes on Error */
DWORD fDummy2:17; /* Reserved */
WORD wReserved; /* Not currently used */
WORD XonLim; /* Transmit X-ON threshold */
WORD XoffLim; /* Transmit X-OFF threshold */
BYTE ByteSize; /* Number of bits/byte, 4-8 */
BYTE Parity; /* 0-4=None,Odd,Even,Mark,Space */
BYTE StopBits; /* 0,1,2 = 1, 1.5, 2 */
char XonChar; /* Tx and Rx X-ON character */
char XoffChar; /* Tx and Rx X-OFF character */
char ErrorChar; /* Error replacement char */
char EofChar; /* End of Input character */
char EvtChar; /* Received Event character */
WORD wReserved1; /* Fill for now. */
} DCB, *LPDCB;
ClassV... FileView
Ln 453, Col 24 REC COL OVR READ

구조체 변수들을 전부 설정하기 사용하기엔 너무 복잡하기 때문에 구조체 모양을 정의하여 구조체 변수를 만들고 주소를 매개변수에 넘겨주어 정보를 교환하게 하는 것이다.

다음은 통신 포트 값 설정 예제이다.

```
GetCommState(hFile , &dcb);// DCB의 지정에 따라 통신 디바이스 구성
{
      dcb.BaudRate = 9600;//통신비트속도
      dcb.ByteSize = 8;//통신데이터비트
      dcb.Parity = NOPARITY;//패리티
      dcb.StopBits = 0;//정지비트
      dcb.fBinary = TRUE;//fBinary 사용
      dcb.fParity = FALSE;//fParity 사용안함
}

SetCommState(hFile , &dcb);// 하드웨어와 제어 설정 초기화
```

(4) 포트로의 출력 : WriteFile()

지금까지는 송수신 하기 위한 준비작업을 하였다. 이제부터는 포트로의 송수신을 위한 함수에 대해 설명한다. 송신함수인 WriteFile()의 원형은 다음과 같다.

```
BOOL WriteFile(
     HANDLE hFile,               // 기록하고자하는 파일의 핸들
     LPCVOID lpBuffer,           // 출력할 데이터를 가진 버퍼
     DWORD nNumberOfBytesToWrite, // 기록할 바이트의 수를 지정
     LPDWORD lpNumberOfBytesWritten,
     // 실제로 기록한 바이트 수를 리턴받기 위한 출력용 인수
     LPOVERLAPPED lpOverlapped
     // 비동기 입출력을 위한 OVERLAPPED 구조체의 포인터
);
```

- hFile: 시리얼통신 하드웨어를 관리하기 위한 파일 핸들
- lpBuffer: 전송할 데이터가 저장되어있는 블록변수의 시작주소를 위한 포인터
- nNumberOfBytesToWrite: lpBuffer가 가리키는 블록변수에서 전송할 데이터의 개수를 지정하기 위한 변수
- lpNumberOfBytesWritten: 함수가 수행되었을 때 에러 없이 보낸 데이터의 최종 개수를 저장하는 변수의 주소
- lpOverlapped : 오버랩모드 동작을 위하여 필요한 정보를 저장한 Overlapped 구조체 변수의 주소를 넘겨줄 때 사용되는데, 이 함수는 오버랩모드로 동작할 때 전송할 데이터를 하드웨어 쪽으로 넘겨주고 전송유무를 확인하지 않고 바로 리턴 된다.

(5) 포트에서 수신(입력) : ReadFile()

데이터 수신을 위한 함수이다. 기존적인 함수 구조는 WriteFile() 함수와 같다. WriteFile 함수와 다른 점은 lpNumberOfBytesRead 부분으로 WriteFile에서는 기록한 바이트의 수를 리턴 받는 것이라면, ReadFile 함수는 읽은 바이트의 수를 리턴 받는다는 점이다. ReadFile 함수의 원형은 다음과 같다.

```
BOOL ReadFile(
    HANDLE hFile,              // 기록하고자하는 파일의 핸들
    LPCVOID lpBuffer,          // 출력할 데이터를 가진 버퍼
    DWORD nNumberOfBytesToWrite, // 기록할 바이트의 수를 지정
    LPDWORD lpNumberOfBytesRead, // 실제로 읽은 바이트 수를
    리턴받기 위한 출력용 인수
    LPOVERLAPPED lpOverlapped // 비동기 입출력을 위한
    OVERLAPPED 구조체의 포인터
);
```

(6) 포트 닫기 : Close Handle

윈도우에서 생성하여 사용하던 객체들은 사용이 끝난 후 메모리에서 제거해야 하는데, 이 때, CloseHandle 함수를 사용한다. CloseHandle의 원형은 다음과 같다.

```
BOOL CloseHandle(
        HANDLE hObject//닫으려는 객체의 핸들
);
```

생성함수에서 리턴 값으로 받은 객체의 핸들을 CloseHandle의 매개변수에 복사하여 넘겨주고 실행시키기만 하면 된다. 메모리에서 삭제하지 않을 경우 윈도우즈는 사용이 끝나지 않은 것으로 알고 계속 객체를 사용하기 위한 메모리를 유지하게 되어 메모리 사용 효율이 떨어지게 된다. 그러나 과거에서처럼 메모리 관리가 어긋나서 컴퓨터를 리부팅하기 전까지 메모리를 사용하지 못하는 것은 아니다. 왜냐하면 Windows는 프로그램이 종료될 때, 그 프로그램이 동작 중에 요구한 모든 객체들을 메모리에서 삭제하기 때문이다.

2.3 통신프로그래밍 송수신

앞 절에서 살펴본 통신 프로그램 절차를 기본으로 실제 프로그램을 작성하여 보자.

1) 문자 송수신

콘솔창에서 하이퍼터미널로 데이터를 송신해보자. 문자 한 글자씩 반복문을 통하여 송수신하는 프로그램이다.

통신 프로그램 절차대로 프로그램 코딩 후 연결된 다른 포트에 하이퍼터미널을 접속한 다음 프로그램을 실행한다.

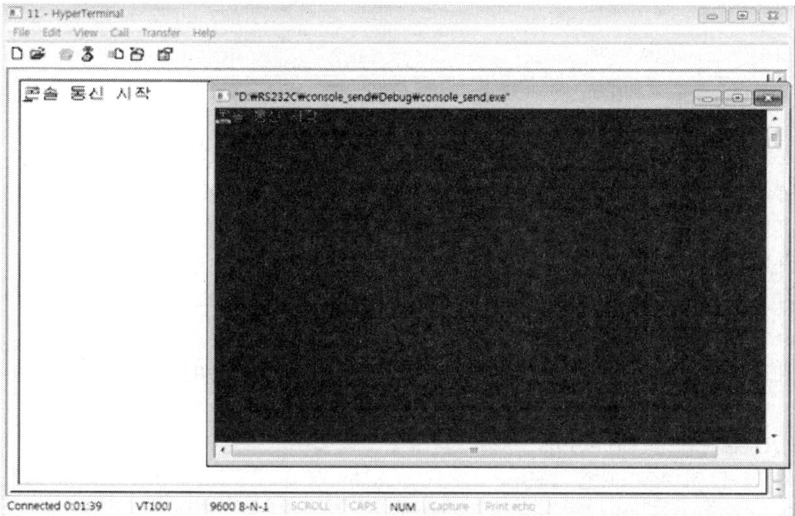

<소스>

```
//문자 송신 기본 프로그램
#include <stdio.h>
#include <windows.h>
#include <conio.h>

DCB dcb;
HANDLE idComDev;                              //핸들
DWORD dwBytesWritten;
unsigned char szBuf[15]={0,};

void main(void)
{
        idComDev = CreateFile(      //포트열기
                "COM4", //통신포트
                GENERIC_READ | GENERIC_WRITE,//억세스모드
                NULL,                           //포트공유지정
                NULL,                           //보안속성
                OPEN_EXISTING,      //포트여는방법지정(무조건 OPEN_EXISTING)
                NULL,               //포트의 속성 지정(오버렙설정)
                NULL);              //템플레이트 파일의 핸들(항상 NULL로 지정)

        COMMTIMEOUTS CommTimeOuts;    //타임아웃설정열기
        // 현재 설정중인 타임아웃 자료 얻기
        GetCommTimeouts(idComDev, &CommTimeOuts);
        {
                // 설정된 타임아웃 변경
                CommTimeOuts.ReadIntervalTimeout = 0xFFFFFFFF;
                CommTimeOuts.ReadTotalTimeoutMultiplier = 0;
                CommTimeOuts.ReadTotalTimeoutConstant =0;
                CommTimeOuts.WriteTotalTimeoutMultiplier = 0;
                CommTimeOuts.WriteTotalTimeoutConstant = 0;
        }
        // 변경시킨 타임아웃 정보로 재설정
        SetCommTimeouts(idComDev, &CommTimeOuts);
```

소스2.2_1

```
        // 현재 설정된 상태 읽어 오기
        GetCommState(idComDev, &dcb);
        {
                // 읽어온 정보 수정
                dcb.BaudRate =CBR_9600; //통신속도
                dcb.ByteSize = 8;            //데이터사이즈
                dcb.Parity = NOPARITY;       //패리티사용유무
                dcb.StopBits = 0;            //스톱비트유무
                dcb.fBinary = TRUE;                     //Binary사용유무
                dcb.fParity = FALSE;         //Parity사용유무
        }
        // 변경된 내용 재설정
        SetCommState(idComDev, &dcb);        //DCB 설정 & 초기화

        PurgeComm(idComDev, PURGE_TXCLEAR);//통신출력버퍼 초기화
        while(1)
        {
                szBuf[0] = (char)getche();   //키보드로 값을 읽어옴
                WriteFile(idComDev, szBuf, strlen((char *)szBuf),
                        &dwBytesWritten, NULL);
        }
        CloseHandle(idComDev);
}
```

소스2.2_1

〈실습〉 양방향 전송

콘솔창에서 하이퍼터미널로 또는 하이퍼터미널에서 콘솔창으로 데이터를 전송해보자

결과화면)

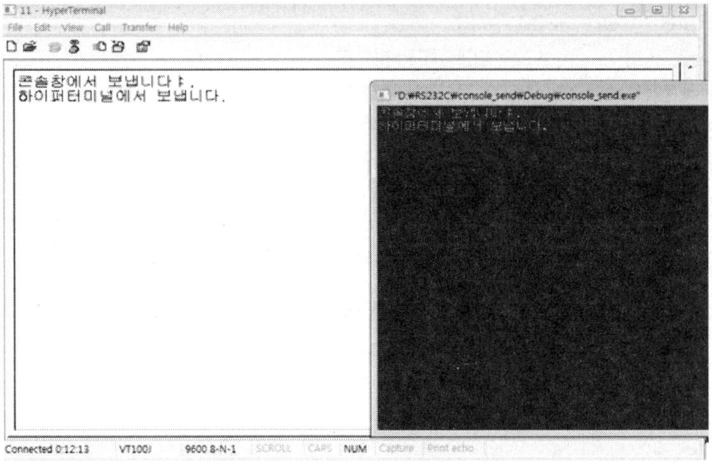

```
//문자 송수신 기본 프로그램
#include <stdio.h>
#include <windows.h>
#include <conio.h>

HANDLE idComDev;
DWORD dwByte;
unsigned char szBuf[255]={0,};
char szPort[15]="COM4";                    //작업 PC의 포트번호 입력

int main(void)
{
        idComDev = CreateFile(
                szPort,
                GENERIC_READ | GENERIC_WRITE,
                0,
                NULL,
                OPEN_EXISTING,
                NULL,
                NULL);
```

소스2.2_2

```
        COMMTIMEOUTS CommTimeOuts;    //타임아웃설정

        // 현재 설정중인 타임아웃 자료 얻기
        GetCommTimeouts(idComDev, &CommTimeOuts);
        {
                CommTimeOuts.ReadIntervalTimeout = 0xFFFFFFFF;
                CommTimeOuts.ReadTotalTimeoutMultiplier = 0;
                CommTimeOuts.ReadTotalTimeoutConstant = 0;
                CommTimeOuts.WriteTotalTimeoutMultiplier = 0;
                CommTimeOuts.WriteTotalTimeoutConstant = 0;
        }
        SetCommTimeouts(idComDev, &CommTimeOuts);
        DCB dcb;            //DCB구조체 선언
        GetCommState(idComDev, &dcb);
        {
                dcb.BaudRate =CBR_9600;
                dcb.ByteSize = 8;
                dcb.Parity = NOPARITY;
                dcb.StopBits = 0;
                dcb.fBinary = TRUE;
                dcb.fParity = FALSE;
        }
        SetCommState(idComDev, &dcb);

        PurgeComm(idComDev, PURGE_RXCLEAR);//통신입력버퍼 초기화
        PurgeComm(idComDev, PURGE_TXCLEAR);//통신출력버퍼 초기화
        while(1)
        {
                ReadFile(idComDev, szBuf, 1, &dwByte, 0);
                if(dwByte > 0) printf("%c", szBuf[0]);
                if(kbhit())
                {
                  *szBuf = getche();          //키보드로 값을 읽어옴
                  WriteFile(idComDev, szBuf, 1, &dwByte, 0);
                }
        }
        CloseHandle(idComDev);
        return 0;
}
```

소스2.2_2

2)문자열 송수신

(1) 문자열 처리방법

지금까지는 문자 하나를 송수신하는 프로그램을 작성하였다.

그러나 대부분의 제어 명령어들은 두 자 이상의 문자열로 되어있다. 따라서 문자변수 하나로 데이터를 저장하고 송수신하기에는 부족하다.

문자열은 여러 개의 문자들이 모인 것으로 char형의 배열을 이용하면 문자열을 저장할 수 있다. 문자열을 문자형 배열로 저장 한 후 저장한 배열변수의 주소를 이용하여 데이터를 송수신하면 된다.

문자열 송수신 예)

```
char string_C[5] = {'A','B','C','D','E'};
        WriteFile(idComDev, C, 5 &dwByte, 0);
```

다음은 앞에서 작성했던 메인화면 표시 부분을 하이퍼터미널로 전송하여 하이퍼터미널에 표시될 수 있도록 이중 문자열을 포인터배열로 처리하여 프로그래밍 하도록 하자.

(2) 문자열 프로그램 작성

```
#include <windows.h>          //Sleep(),gotoxy()함수에서 사용하는 자료형와 함수
#include <stdio.h>
#include <stdlib.h>           //exit()
#include <conio.h>            //getch()

// ------------------------
// 매크로정의
// ------------------------
#define conti4 8              //"1. 룰렛 4연발" 메뉴 출력 y 좌표
#define conti5 9         //"2. 룰렛 5연발" 메뉴 출력 y 좌표
#define conti6 10             //"3. 룰렛 6연발" 메뉴 출력 y 좌표
#define conti8 11             //"4. 룰렛 8연발" 메뉴 출력 y 좌표
#define conti9 12             //"5. 룰렛 9연발" 메뉴 출력 y 좌표
#define EXIT 13                       //"6.Exit(Esc)" 메뉴 출력 y 좌표

// ------------------------
// 함수선언
// ------------------------
void menu_display();
void run(int y);
void MenuDisplay232(void);
void move(int q);
void gotoxy(int x, int y);

// ------------------------
// 전역변수정의
// ------------------------
int x,y;                 //전역변수 커서 좌표
HANDLE idComDev;
DWORD dwByte;
unsigned char szBuf[255]="ABCD통신", szBuffer[1024]={0,};
char szPort[15]="COM4";
char key;
```

소스2.2_3

```
// 메인함수정의
void main(void)
{
	idComDev = CreateFile(
			szPort,
			GENERIC_READ | GENERIC_WRITE,
			0,
			NULL,
			OPEN_EXISTING,
			NULL,
			NULL);
	if(idComDev==INVALID_HANDLE_VALUE)
	{
		MessageBox(0, "ComPort Error", "OTL", MB_OK);
		exit(0);
	}
	COMMTIMEOUTS CommTimeOuts;	//타임아웃설정
	// 현재 설정중인 타임아웃 자료 얻기
	GetCommTimeouts(idComDev, &CommTimeOuts);
	{
		CommTimeOuts.ReadIntervalTimeout = 0xFFFFFFFF;
		CommTimeOuts.ReadTotalTimeoutMultiplier = 0;
		CommTimeOuts.ReadTotalTimeoutConstant = 0;
		CommTimeOuts.WriteTotalTimeoutMultiplier = 0;
		CommTimeOuts.WriteTotalTimeoutConstant = 0;
	}
	SetCommTimeouts(idComDev, &CommTimeOuts);

	DCB dcb;		//DCB구조체 선언
	GetCommState(idComDev, &dcb);
	{
		dcb.BaudRate =CBR_9600;
		dcb.ByteSize = 8;
		dcb.Parity = NOPARITY;
		dcb.StopBits = 0;
		dcb.fBinary = TRUE;
		dcb.fParity = FALSE;
	}
	SetCommState(idComDev, &dcb);
```

소스2.2_3

```
        PurgeComm(idComDev, PURGE_RXCLEAR);//통신입력버퍼 초기화
        PurgeComm(idComDev, PURGE_TXCLEAR);//통신출력버퍼 초기화

        x = 3;
        y = conti6;                     //메뉴 출력시 "▶"가 있을 위치 설정
        menu_display();          //메뉴 화면 출력

        while(1)
        {
                // -------------
                // 메뉴처리
                key=getch();            //문자저장
                switch(key)
                {
                        case 13:              //엔터키
                                run(y);
                                break;
                        case 72:              //방향키(↑)
                                move(-1);
                                break;
                        case 80:              //방향키 (↓)
                                move(1);
                                break;
                        case 27:              //Esc키 누르면 프로그램 종료
                                run(EXIT);
                                break;
                        default:
                                break;
                }//switch
        }
        CloseHandle(idComDev);
}
```

소스2.2_3

```
// 함수정의 run()
void run(int y) //엔터키 누르면 실행할 함수 결정(y 좌표값에 따라서)
{
        switch(y)
        {
          case conti4:                //"1.표시"에서 엔터키 누르면
                printf("    표시를 선택하셨습니다...");
                MenuDisplay232();
                Sleep(1000);
                break;
          case conti5:                //"2.저장"에서 엔터키 누르면
                printf("    저장을 선택하셨습니다...");
                Sleep(1000);
                break;
          case conti6:                //"3.시작"에서 엔터키 누르면
                printf("    시작을 선택하셨습니다...");
                Sleep(1000);
                break;
          case conti8:                //"4.정지"에서 엔터키 누르면
                {printf("    정지를 선택하셨습니다...");
                char c1[3]={27,'c',0};
                WriteFile(idComDev, c1, 2, &dwByte, 0);  //화면을 깨끗하게 지움
                Sleep(1000);}
                break;
          case conti9:                //"5.연습"에서 엔터키 누르면
                printf("    연습을 선택하셨습니다...");
                Sleep(1000);
                break;
          case EXIT:                  //"6.Exit(Esc)"에서 엔터키 누르면
                CloseHandle(idComDev);
                exit(0);
                break;
          default:
                break;
        }
        menu_display();
}
```

소스2.2_3

```
// 함수정의 MenuDisplay232()

void MenuDisplay232(void)    //문자열 송수신 함수
{
        int i;
        char c1[3]={27,'c',0};
        char c2[3]={0x0d,0x0a,0};
        char *cp[9] = {
                "통신메뉴 프로그램 2011",
                "메뉴를 선택해주세요.",
                "☞ 이동 : 방향키(↑,↓)\n\r☞ 선택 : Enter\n\r",
                " 1.표시",
                " 2.저장",
                " 3.시작",
                " 4.정지",
                " 5.연습",
                " 6.Exit(Esc)"
        };

        WriteFile(idComDev, c1, 2, &dwByte, 0);          //화면을 깨끗하게 지움
        for (i=0; i<9; i++)
        {
                WriteFile(idComDev, c2, 2, &dwByte, 0);          //한줄 뛰우기
                WriteFile(idComDev, cp[i], strlen(cp[i]), &dwByte, 0);
        }
        WriteFile(idComDev, c2, 2, &dwByte, 0);          //한줄 뛰우기
}

void move(int q)//키보드 입력에 따라 커서 움직임(+1,-1 : 아래,위로)
{
        gotoxy(x,y);             //전에 있던 "▶" 공백으로 덮어씀(지우기)
        printf("  ");
        gotoxy(x,y=y+(q));       //이동하여 "▶"그림
        if(y==14) y=8;           //8-13사이의 값만 받음
        if(y==7) y=13;
        gotoxy(x,y);
        printf("▶");
}
```

소스2.2_3

```
// 함수정의 menu_display()

void menu_display()  //메뉴 디스플레이
{
        system("cls");          //화면을 깨끗하게 지움
        gotoxy(5,3);            puts("통신메뉴 프로그램 2014");
        gotoxy(5,4);            puts("메뉴를 선택해주세요.");
        gotoxy(5,5);            puts("☞ 이동 : 방향키(↑,↓)\n      ☞ 선택 : Enter");

        gotoxy(5,conti4);   puts(" 1.표시");
        gotoxy(5,conti5);   puts(" 2.저장");
        gotoxy(5,conti6);   puts(" 3.시작");
        gotoxy(5,conti8);   puts(" 4.정지");
        gotoxy(5,conti9);   puts(" 5.연습");
        gotoxy(5,EXIT);      puts(" 6.Exit(Esc)");
        gotoxy(x, y);        printf("▶");
}

void gotoxy(int x, int y)//(x,y)좌표로 커서를 이동
{
        COORD pos={x-1,y-1};  //콘솔 화면의 원점은 (0,0)
        SetConsoleCursorPosition(GetStdHandle(STD_OUTPUT_HANDLE), pos);
}
```

소스2.2_3

과제> 다음 점심 메뉴를 하이퍼터미털로 전송하여 보시오.

```
다음은 오늘 점심 메뉴이다.
당신의 선택은? 번호를 입력하세요.
1. 해장국
2. 칼국수
3. 갈비탕
4. 산채비빔밥
당신의 선택은? :
```

<실습> 하이퍼터미널에서 사칙연산 수행 프로그램 작성

```
#include <windows.h>        //Sleep(),gotoxy()함수에서 사용하는 자료형와 함수
#include <stdio.h>
#include <stdlib.h>         //exit()
#include <conio.h>          //getch()

// 매크로정의
#define conti4 8
#define conti5 9
#define conti6 10
#define conti8 11
#define conti9 12
#define EXIT 13

// 함수선언
void menu_display();
void run(int y);
void MenuDisplay232(void);
void move(int q);
void gotoxy(int x, int y);

// 전역변수정의
int x,y;                    //전역변수 커서 좌표
HANDLE idComDev;
DWORD dwByte;
unsigned char szBuf[255]="ABCD통신", szBuffer[1024]={0,};
int c3[2]={0,};
char szPort[15]="COM8";
char key;
int result;
int a=0, b=0, c=0;
char d;
```

소스2.2_4

```
// 메인함수정의
void main(void)
{
        idComDev = CreateFile(
                szPort,
                GENERIC_READ | GENERIC_WRITE,
                0,
                NULL,
                OPEN_EXISTING,
                NULL,
                NULL);
        if(idComDev==INVALID_HANDLE_VALUE)
        {
            MessageBox(0, "ComPort Error", "OTL", MB_OK);
            exit(0);
        }
        COMMTIMEOUTS CommTimeOuts;    //타임아웃설정
        // 현재 설정중인 타임아웃 자료 얻기
        GetCommTimeouts(idComDev, &CommTimeOuts);
        {
            CommTimeOuts.ReadIntervalTimeout = 0xFFFFFFFF;
            CommTimeOuts.ReadTotalTimeoutMultiplier = 0;
            CommTimeOuts.ReadTotalTimeoutConstant = 0;
            CommTimeOuts.WriteTotalTimeoutMultiplier = 0;
            CommTimeOuts.WriteTotalTimeoutConstant = 0;
        }
        SetCommTimeouts(idComDev, &CommTimeOuts);
        DCB dcb;           //DCB구조체 선언
        GetCommState(idComDev, &dcb);
        {
            dcb.BaudRate =CBR_9600;
            dcb.ByteSize = 8;
            dcb.Parity = NOPARITY;
            dcb.StopBits = 0;
            dcb.fBinary = TRUE;
            dcb.fParity = FALSE;
        }
        SetCommState(idComDev, &dcb);

        PurgeComm(idComDev, PURGE_RXCLEAR);//통신입력버퍼 초기화
        PurgeComm(idComDev, PURGE_TXCLEAR);//통신출력버퍼 초기화

        x = 3;
        y = conti6;                 //메뉴 출력시 "▶"가 있을 위치 설정
        menu_display();             //메뉴 화면 출력
```

소스2.2_4

```
        while(1)
        {
                // 메뉴처리
                key=getch();            //문자저장
                switch(key)
                {
                        case 13:                //엔터키
                                run(y);
                                break;
                        case 72:                //방향키(↑)
                                move(-1);
                                break;
                        case 80:                //방향키 (↓)
                                move(1);
                                break;
                        case 27:                //Esc키 누르면 프로그램 종료
                                run(EXIT);
                                break;
                        default:   break;
                }//switch
        }
        CloseHandle(idComDev);
}
// 함수정의
void run(int y) //엔터키 누르면 실행할 함수 결정(y 좌표값에 따라서)
{
   switch(y)
   {
        case conti4:                    //"1.표시"에서 엔터키 누르면
                printf("    표시를 선택하셨습니다...");
                MenuDisplay232();
                Sleep(1000);
                break;
        case conti5:                    //"2.저장"에서 엔터키 누르면
        {
                ReadFile(idComDev, szBuf, 1, &dwByte, 0);
                d = szBuf[0];
                printf("%c", d);
                printf("    수신을 선택하셨습니다...");
                if(szBuf[0] == '1'){
                        gotoxy(9,18);
                        c = a + b;
                        printf("%d + %d = %d", a, b, c);
                        Sleep(1000);  break;
                }
```

소스2.2_4

```
				If(szBuf[0] == '2'){
					gotoxy(9,18);
					c = a - b;
					printf("%d - %d = %d", a, b, c);
					Sleep(1000);
					break;
				}
				if(szBuf[0] == '3'){
					gotoxy(9,18);
					c = a * b;
					printf("%d * %d = %d", a, b, c);
					Sleep(1000);
					break;
				}
				if(szBuf[0] == '4'){
					gotoxy(9,18);
					c = a / b;
					printf("%d / %d = %d", a, b, c);
					Sleep(1000);
					break;
				}
				Sleep(1000);
			}
			break;
			case conti6:				//"3.시작"에서 엔터키 누르면
				printf("    시작을 선택하셨습니다...");
				Sleep(1000);		break;
			case conti8:				//"4.정지"에서 엔터키 누르면
			{	printf("    정지를 선택하셨습니다...");
				char c1[3]={27,'c',0};
				WriteFile(idComDev, c1, 2, &dwByte, 0);		//화면을 깨끗하게 지움
				Sleep(1000);}
				break;
			case conti9:				//"5.연습"에서 엔터키 누르면
				printf("    연습을 선택하셨습니다...");
				Sleep(1000);
				break;
			case EXIT:					//"6.Exit(Esc)"에서 엔터키 누르면
				CloseHandle(idComDev);
				exit(0);
				break;
			default:	break;
			}
			menu_display();
	}
```

소스2.2_4

```
//함수 정의
void MenuDisplay232(void)
{
        int i;
        char c1[3]={27,'c',0};
        char c2[3]={0x0d,0x0a,0};
        char *cp[4] = {
                "1. + "
                ,"2. - "
                ,"3. * "
                ,"4. / "};

        WriteFile(idComDev, c1, 2, &dwByte, 0);        //화면을 깨끗하게 지움
        for (i=0;i<4; i++)
        {
                WriteFile(idComDev,cp[i],strlen(cp[i]), &dwByte, 0);
        }
        WriteFile(idComDev, c2, 2, &dwByte, 0);        //한줄 뛰우기
        gotoxy(5,14); printf("x1 입력값 : ");
        scanf("%d", &a);
        gotoxy(5,15); printf("x2 입력값 : ");
        scanf("%d", &b);
}

void move(int q)//키보드 입력에 따라 커서 움직임(+1,-1 : 아래,위로)
{
        gotoxy(x,y);            //전에 있던 "▶" 공백으로 덮어씀(지우기)
        printf("  ");
        gotoxy(x,y=y+(q));      //이동하여 "▶"그림
        if(y==14) y=8;          //8-13사이의 값만 받음
        if(y==7) y=13;
        gotoxy(x,y);
        printf("▶");
}
```

소스2.2_4

```
void menu_display()  //메뉴 디스플레이
{
        system("cls");          //화면을 깨끗하게 지움
        gotoxy(5,3);            puts("통신메뉴 프로그램 2011");
        gotoxy(5,4);            puts("메뉴를 선택해주세요.");
        gotoxy(5,5);            puts("☞ 이동 : 방향키(↑,↓)\n      ☞ 선택 : Enter");
        gotoxy(5,conti4);   puts(" 1.표시");
        gotoxy(5,conti5);   puts(" 2.저장");
        gotoxy(5,conti6);   puts(" 3.시작");
        gotoxy(5,conti8);   puts(" 4.정지");
        gotoxy(5,conti9);   puts(" 5.연습");
        gotoxy(5,EXIT);      puts(" 6.Exit(Esc)");
        gotoxy(x, y);       printf("▶");
}

void gotoxy(int x, int y)//(x,y)좌표로 커서를 이동
{
        COORD pos={x-1,y-1};  //콘솔 화면의 원점은 (0,0)
    SetConsoleCursorPosition(GetStdHandle(STD_OUTPUT_HANDLE), pos);
}
```

소스2.2_4

2.4 스레드 통신 프로그래밍

ReadFile이나 WriteFile 같은 입출력 함수가 입출력이 완전히 끝날때까지 리턴하지 않는다. 왜냐하면 ReadFile이나 WriteFile 중 하나가 완료되어야 다음 일을 할 수가 있기 때문이다. 만약, 반복문을 사용하여 읽기/쓰기를 한다면 프로그램은 움직이지 않을 것이다. 이 방식이 논 오보랩입출력방식이다.

☞ 해결방법 : 멀티 스레드 사용

반대로, 오보랩입출력방식은 ReadFile이나 WriteFile 같은 입출력 함수의 입출력을 OS에게 위임하고 바로 리턴하여 다른 작업을 할 수 있도록 해주는 방식이다.

자세한 내용은 5)항을 참고하길 바란다.

1) 스레드란

응용 SW가 끝나기 전까지 OS는 포트를 감시하기 때문에 다른 작업을 할 수 없는 문제점이 발생한다.

데이터를 기다리면서 다른 작업을 할 수 있는 방법은? 멀티 스레드 사용

윈도우에서의 프로세스 개념을 두 가지로 구분하여 정리하면 다음과 같다.

- 프로세스 : 메모리 및 각종 리소스를 포함하는 창고로서 정적인 개념
- 스레드 : 실제로 CPU의 시간을 할당받아 수행되는 윈도우의 기본적인 실행단위로서 동적인 개념

스레드는 프로세서 내에 존재하는 실행경로, 즉 일련의 실행코드이다.

위에서 정리한 바와 같이 메모리구조 측면에서 구분해보면 프로세스의 메모리구조는 전역변수가 할당되는 데이터영역, malloc 함수등에 의해 동적할당이 이뤄지는 힙, 그리고 함수의 실행에 사용되는 스택으로 이뤄진다. 이러한 프로세스들은 이를 완전히 별도로 유지하기 때문에 프로세스 사이에는 다음의 메모리구조를 가진다.

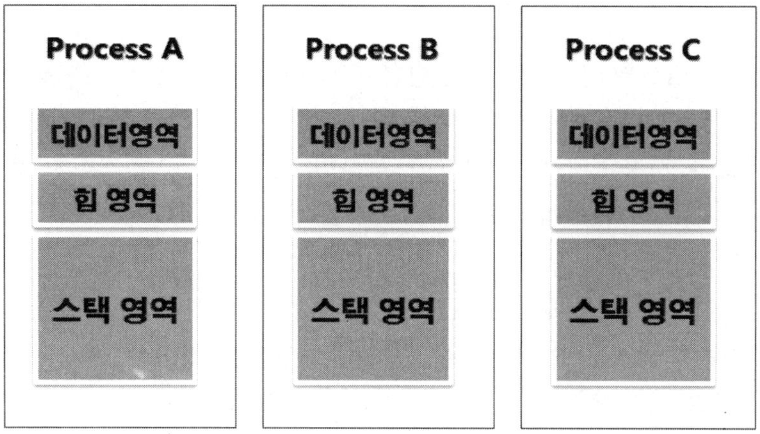

프로세스 간 메모리 독립구조

그런데 둘 이상의 실행흐름을 갖으려고 완전히 메모리구조를 분리시킬 것이 아니라 스택영역만을 분리시킴으로써 컨텍스트 스위칭시 데이터영역과 힙을 올리고 내릴 필요성이 없어지며, 데이터영역과 힙을 이용해서 데이터를 교환할 수 있게 된다.

그래서 나오게 된 것이 쓰레드이며, 별도의 실행흐름을 유지하기 위해서 스택영역만을 독립적으로 유지하기 때문에 다음과 같은 메모리구조를 갖는다.

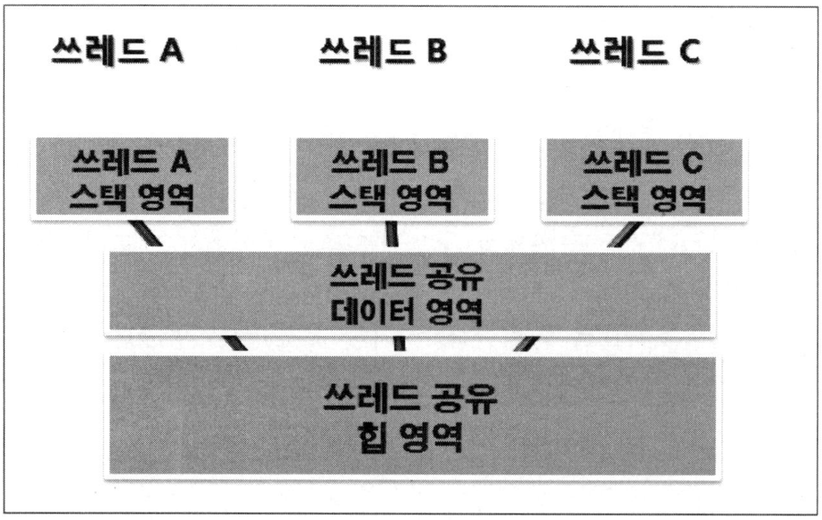

쓰레드의 메모리 구조

쓰레드는 데이터영역과 힙영역을 공유하는 구조로 설계되어 쓰레드는 프로세스 내에서 생성 및 실행되는 구조로 완성되어진다.

따라서 다음과 같이 프로세스와 쓰레드를 정의할 수 있다.

· 프로세스 : 운영체제 관점에서 별도의 실행흐름을 구성하는 단위
· 쓰레드 : 프로세스 관점에서 별도의 실행흐름을 구성하는 단위

쓰레드는 윈도우에서 가장 기본적인 프로그램 단위이다. 하나의 프로그램이 실행되기 위해서는 최소 하나 이상의 스레드가 필요하다. 이것은 프로그램 생성시, 자동으로 생성되며, 이를 주 스레드라고 한다.
주 스레드가 모든 작업을 처리하고 주 스레드가 종료되면 프로세스도 같이 종료된다.
프로세스와 쓰레드의 관계는 다음과 같이 표현할 수 있다.

<프로세스>

<주 스레드>

```
void main()
{
  printf("안녕하세요");

}
```

컴파일하고 실행하면...

1. 윈도우는 일단 프로세스를 생성
2. 그 내부에 주스레드를 하나 생성
3. 생성된 스레드가 main()함수를 실행함

위와 같은 구조에서,
프로그램이 새로운 작업을 주 스레드와 병렬적으로 수행하도록 하려면…
프로세스가 동시에 두 가지 작업을 해야 한다면… 등의 해결방법은?

해결방법은 주 스레드에서 추가로 스레드를 더 만들면 된다.

<프로세스>

<주 스레드>

```
void fun_A()
{
  A
  B
  C
  D
}
```

스레드 2

```
void fun_B()
{
  1
  2
  3
  4
}
```

프로세스는 두 개의 실행흐름 처리...

1. 주 스레드와 스레드2가 CPU시간을 우선순위에 따라 적절하게 분배하여 도시에 실행됨
2. 기존작업순서 : ABCD1234
   멀티스레드 : A1B2C3D4
3. 동시에 명령이 진행되는 것처럼 느끼게 함

2) 스레드 생성 및 실행

쓰레드는 별도의 실행흐름을 갖기 때문에 쓰레드만의 main 함수를 별도로 정의해야 한다. 그리고 이 함수를 시작으로 별도의 실행흐름을 형성해 줄 것을 운영체제에게 요청해야 하는 데, 이를 목적으로 호출하는 함수는 다음과 같다.

스레드 생성 함수 : CreateThread()

스레드를 생성한 후 스레드 핸들을 리턴한다. 스레드 핸들은 스레드 관련 데이터 구조체를 간적접으로 참조하는 매개체가 된다. 리턴된 핸들을 이용해서 윈도우는 스레드를 제어하며, 스레드 생성 중 에러가 발생시 NULL을 리턴한다.

```
HANDLE CreateThread(
  LPSECURITY_ATTRIBUTES   lpThreadAttributes,    // 보안속성
  SIZE_T                  dwStackSize,           // 스택크기
  LPTHREAD_START_ROUTINE lpStartAddress,         // 시작함수지정
  LPVOID                  lpParameter,           // 작업내용
  DWORD                   dwCreationFlags,       // 특성
  LPDWORD                 lpThreadId             // 스레드ID 리턴
)
```

- 첫번째 인수
  - 보안속성 : 자식 프로세스로 핸들을 상속하지 않는 한 NULL로 지정

- 두번째 인수
  - 생성할 스레드의 스택크기 지정
  - 스레드별로 별도의 스택 할당
  - 초기값을 0으로 지정하면 기본적으로 1MB가 할당됨

- 세번째 인수
  - 스레드의 시작함수 지정(main()함수에 해당)
  - 시작함수의 원형

예: DWORD WINAPI ThreadFunc(LPVOID lpParameter)

- 네 번째 인수
  - 스레드로 전달할 작업내용, 큰 값을 전달할 경우 구조체 변수에 값을 넣고 이 구조체의 주소값을 전달(없을 경우 NULL)

- 다섯 번째 인수
  - 생성할 스레드의 특성 지정
  - 보통 스레드인 경우 0
  - CREATE_SUPENDED() 플래그 지정시 ResumeThread() 함수로 실행

- 여섯 번째 인수
  - 스레드를 만든 후 스레드의 ID를 호출하기 위한 출력용 인수

■ DWORD형의 변수를 하나 선언한 후 그 변수의 번지를 넘김

3) 스레드 종료

스레드 종료 방법에는 다음과 같은 종류들이 있다.

①스레드 함수가 리턴
②스레드 함수내에서 ExitThread() 함수 호출
③TerminateThread() 함수 호출
④주 스레드 종료

①번 방법

■ 함수가 끝나면서 임의의 상수를 리턴하게 되면 스레드는 소멸되며 리소스도 함께 해제된다.

②번 방법

■ 리소스를 해제하는 과정을 한 번 더 거쳐야 하는 번거로움이 있다.

예:

```
void ExitThread(
      DWORD dwExitCode                    // 종료 코드
);
```

③번 방법

■ CreateThread()함수에서 얻은 핸들을 이용해서 원하는 스레드를 종료하나 메모리등의 리소스에 대한 제거작업을 제대로 하지않고 스레드만 종료시키기 때문에 바람직하지 않다.

```
BOOL TerminateThread(
      HANDLE hThread              // 종료할 스레드의 Handle
      DWORD dwExitCode            // 종료 코드
  );
```

④번 방법

■ 메인함수가 종료되면 모든 서브함수가 종료되는 것과 같은 원리로 종료된다.

스레드 생성 소스

```
// 스레드 생성

#include <windows.h>
#include <stdio.h>
#include <conio.h>

struct Point
{
        int x, y;
};

DWORD WINAPI Display(LPVOID arg);

HANDLE hThread;
DWORD idThread;
Point pt = {10, 20};
DWORD result;
unsigned char flagThread=FALSE;

void main(void)
{
        flagThread = TRUE;
        hThread = CreateThread(NULL, 0, Display, (LPVOID)&pt, 0, &idThread);
        if(hThread == NULL) { exit(0); }

        printf("첫 번째 생성된 쓰레드 핸들 : %d \n", hThread);
        printf("첫 번째 생성된 쓰레드 ID : %d \n", idThread);
        Sleep(3000);

        flagThread = FALSE;
        result = WaitForSingleObject(hThread, 3000);    // INFINITE -> 3sec
        printf("\n스레드 WaitForSingleObject 종료결과 = %d", result);
        상동작\n");
```

소스2.2_5

```
// 스레드 생성_계속

switch(result)
        {
                case WAIT_ABANDONED:
                        printf(" -> WAIT_ABANDONED\n");
                        break;
                case WAIT_OBJECT_0:
                        printf(" -> WAIT_OBJECT_0\n");
                        break;
                case WAIT_TIMEOUT:
                        printf(" -> WAIT_TIMEOUT\n");
                        break;
                case WAIT_FAILED:
                        printf(" -> WAIT_FAILED\n");
                        break;
                default:
                        printf(" -> 이상동작\n");
                        break;
        }

        result = CloseHandle(hThread);
        hThread = NULL;
        printf("\n스레드    CloseHandle      종료결과 = %d -> 0:실패, 0이외:성공", result);

        getch();
}

DWORD WINAPI Display(LPVOID arg)
{
        Point *pt = (Point *)arg;
        while(flagThread)
        {
                printf("쓰레드 실행중 : X ---> %d, Y ---> %d \n", pt->x, pt->y);
                Sleep(1000);
        }
        return 0;
}
```

소스2.2_5

4) 스레드 제어

스레드는 일단 생성되면 시스템자원(예: CPU)을 사용하기 위해서 다른 스레드와 경쟁하면서 독립적으로 수행됨

스레드가 작업을 완료하고 종료했는지의 여부를 확인하기 위해 WaitForSingleObject()함수를 사용한다. 즉, 지정한 하나의 스레드에 대한 종료되도록 한다.

```
Void WaitForSingleObject(
      HANDLE hThread                    // 종료할 스레드의 Handle
      DWORD dwMilliseconds              // 종료 타임아웃(ms)설정
  );
```

멀티스레드 생성 예제

```
// 멀티스레드

#include <windows.h>
#include <stdio.h>

struct Point
{
        int x, y;
};

DWORD WINAPI Display(LPVOID arg)
{
        Point *pt = (Point *)arg;
        while(1)
        {
                printf("쓰레드 실행중 : X ---> %d, Y ---> %d \n", pt->x, pt->y);
                Sleep(1000);
        }
        return 0;
}
```

소스2.2_6

```
int main(void)
{
        //첫번째 쓰레드 생성
        Point pt1 = {10, 20};
        DWORD Threadid1;

        HANDLE hThread1 = CreateThread(NULL, 0, Display, (LPVOID)&pt1, 0,
&Threadid1);
        if(hThread1 == NULL) { exit(0); }

        printf("첫 번째 생성된 쓰레드 핸들 : %d \n", hThread1);
        printf("첫 번째 생성된 쓰레드 ID : %d \n", Threadid1);
        CloseHandle(hThread1);

        //두번째 쓰레드 생성
        Point pt2 = {40, 50};
        DWORD Threadid2;

        HANDLE hThread2 = CreateThread(NULL, 0, Display, (LPVOID)&pt2, 0,
&Threadid2);
        if(hThread2 == NULL) { exit(0); }

        printf("두 번째 생성된 쓰레드 핸들 : %d \n", hThread2);
        printf("두 번째 생성된 쓰레드 ID : %d \n", Threadid2);
        CloseHandle(hThread2);

        for(int i=0;i<1000000000;i++){
        }
        return 0;
}
```

소스2.2_6

실습> 스레드를 이용한 문자이동 프로그램 작성

스레드를 사용하여 콘솔창에 숫자 증가 주기를 각각 달리하여 표시되도록 하며, 콘솔창 아래쪽에 문자열 "통신" 과 "Communication"이 콘솔창 오른쪽으로 이동되도록 이동 주기를 각각 달리하여 표시되도록 프로그래밍 한다.

실행결과화면)

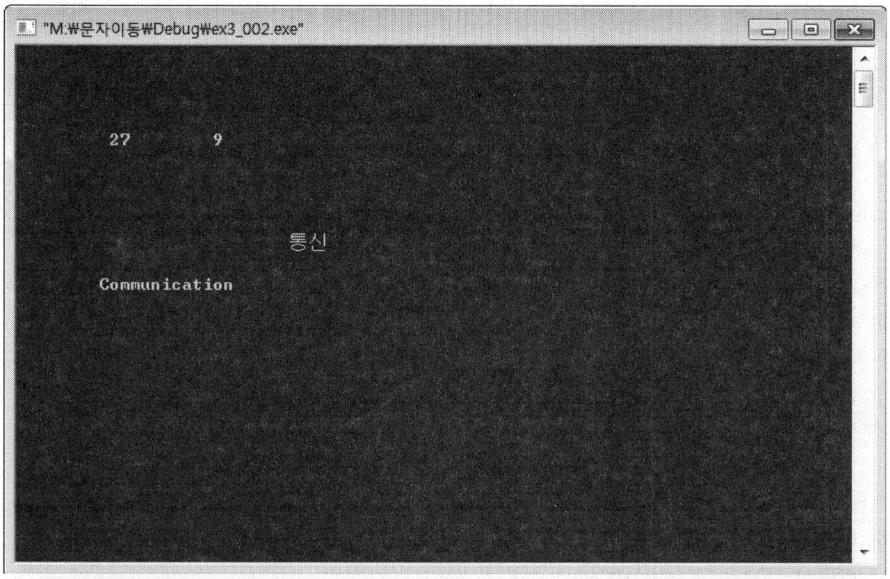

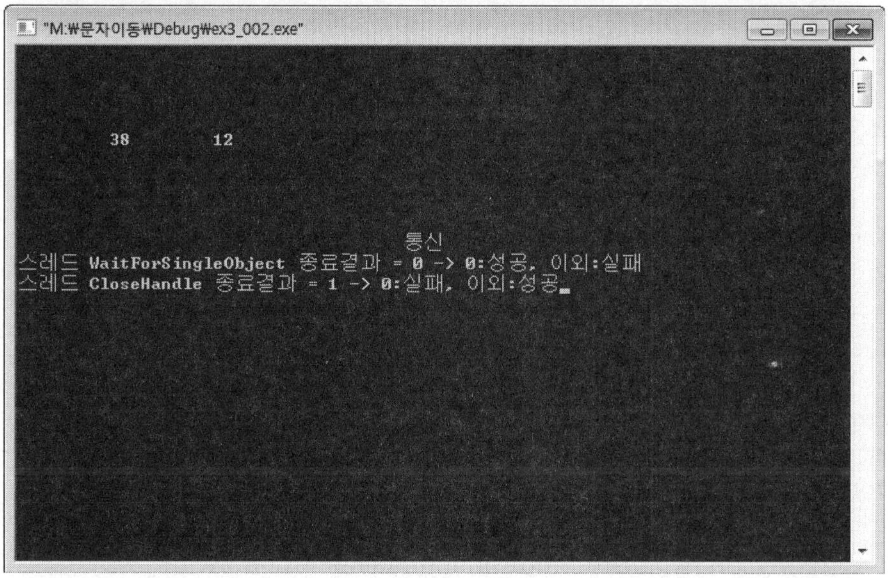

```
#include <windows.h>
#include <stdio.h>
#include <conio.h>

void gotoxy(int x, int y);

struct Point
{
        int x,y;
};

DWORD WINAPI Display(LPVOID arg);

HANDLE hThread;
DWORD idThread;
Point pt={10,20};
DWORD result;
unsigned char flagThread=FALSE;

void main(void)
{
        flagThread=TRUE;
        hThread = CreateThread(NULL, 0, Display, (LPVOID)&pt, 0, &idThread);
        if(hThread == NULL) {exit(0);}
        printf("첫 번째 생성된 쓰레드 핸들 : %d \n", hThread);
        printf("첫 번째 생성된 쓰레드 ID : %d \n", idThread);

        //Sleep(3000);
        getch();

        flagThread = FALSE;
        result = WaitForSingleObject(hThread,3000); // INFINITE -> 3sec
    printf("\n스레드 WaitForSingleObject 종료결과 = %d -> 0:성공, 이외:실패", result);

        result = CloseHandle(hThread);
        hThread = NULL;
        printf("\n스레드 CloseHandle 종료결과 = %d -> 0:실패, 이외:성공", result);
        getch();
}
```

소스2.2_7

```
DWORD WINAPI Display(LPVOID arg)
{
      int i=1;
      int j=1;
      char *a = "통신";
      char *b = "Communication";
      Point *pt =(Point *)arg;
      Sleep(100);
      system("cls");

      while(flagThread)
      {

            gotoxy(10,5);
            printf("%d",i);  //1 주기 형태로 출력

            gotoxy(i,10);
            printf("%s",a);
           gotoxy(i-1,10);
            printf(" ");

            if(i==70)
            {
                        i=0;
                  //gotoxy(i-6,10);
                  printf("              ");
            }

            i++;
```

소스2.2_7

```
            if(i%3==1)
            {
                    gotoxy(20,5);
                printf("%d",j); //3주기 형태로 출력
                    gotoxy(j,12);
                printf("%s",b);
                    gotoxy(j-1,12);
                printf(" ");
                    j++;
            }
            if(j==70)
            {
                    j=0;
                    //gotoxy(j-11,10);
                printf("                    ");

            }



                    //printf("쓰레드 실행중 : X ---> %d, Y--->%d \n", pt->x, pt->y);
                    Sleep(100);
            }

            return 0;
    }
```

소스2.2_7

<실습>메뉴와 스레드프로그램 결합

```
//메뉴와 스레드 프로그램 결합

#include <windows.h>          //Sleep(),gotoxy()함수에서 사용하는 자료형와 함수
#include <stdio.h>
#include <stdlib.h>           //exit()
#include <conio.h>            //getch()

// 매크로정의
#define conti4 8
#define conti5 9
#define conti6 10
#define conti8 11
#define conti9 12
#define EXIT 13

// 함수선언
void menu_display();
void run(int y);
void MenuDisplay232(void);
void move(int q);
void gotoxy(int x, int y);

DWORD WINAPI ThreadProc(LPVOID arg);

// 전역변수정의
int x,y;                      //전역변수 커서 좌표
HANDLE idComDev;
DWORD dwByte;

unsigned char szBuf[255]="ABCD통신", szBuffer[1024]={0,};
char szPort[15]="COM4";
char key;

HANDLE hThread = NULL;
DWORD idThread;
unsigned char flagThread = FALSE;

POINT ptXY = {6,15};
```

소스2.2_8

```
// 메인함수정의
void main(void)
{
	idComDev = CreateFile(
			szPort,
			GENERIC_READ | GENERIC_WRITE,
			0,
			NULL,
			OPEN_EXISTING,
			NULL,
			NULL);
	if(idComDev==INVALID_HANDLE_VALUE)
	{
		MessageBox(0, "ComPort Error", "OTL", MB_OK);
		exit(0);
	}
	COMMTIMEOUTS CommTimeOuts;	//타임아웃설정
	// 현재 설정중인 타임아웃 자료 얻기
	GetCommTimeouts(idComDev, &CommTimeOuts);
	{
		CommTimeOuts.ReadIntervalTimeout = 0xFFFFFFFF;
		CommTimeOuts.ReadTotalTimeoutMultiplier = 0;
		CommTimeOuts.ReadTotalTimeoutConstant = 0;
		CommTimeOuts.WriteTotalTimeoutMultiplier = 0;
		CommTimeOuts.WriteTotalTimeoutConstant = 0;
	}
	SetCommTimeouts(idComDev, &CommTimeOuts);

	DCB dcb;		//DCB구조체 선언
	GetCommState(idComDev, &dcb);
	{
		dcb.BaudRate =CBR_9600;
		dcb.ByteSize = 8;
		dcb.Parity = NOPARITY;
		dcb.StopBits = 0;
		dcb.fBinary = TRUE;
		dcb.fParity = FALSE;
	}
	SetCommState(idComDev, &dcb);
	PurgeComm(idComDev, PURGE_RXCLEAR);//통신입력버퍼 초기화
	PurgeComm(idComDev, PURGE_TXCLEAR);//통신출력버퍼 초기화

	x = 3;
	y = conti6;				//메뉴 출력시 "▶"가 있을 위치 설정
	menu_display();			//메뉴 화면 출력
```

소스2.2_8

```
        while(1)
        {
                key=getch();            //문자저장
                switch(key)
                {
                        case 13:                //엔터키
                                run(y);     break;
                        case 72:                //방향키(↑)
                                move(-1); break;
                        case 80:                //방향키 (↓)
                                move(1);  break;
                        case 27:                //Esc키 누르면 프로그램 종료
                                run(EXIT);break;
                        default:
                                break;
                }//switch
        }
        CloseHandle(idComDev);
}

// 함수정의
void run(int y) //엔터키 누르면 실행할 함수 결정(y 좌표값에 따라서)
{
        switch(y)
        {
                case conti4:                    //"1.표시"에서 엔터키 누르면
                        printf("    표시를 선택하셨습니다...");
                        MenuDisplay232();
                        Sleep(1000);
                        break;
                case conti5:                    //"2.저장"에서 엔터키 누르면
                        printf("    저장을 선택하셨습니다...");
                        Sleep(1000);
                        break;
                case conti6:                    //"3.시작"에서 엔터키 누르면
                        printf("    시작을 선택하셨습니다...");
                        if (!flagThread && hThread==NULL)
                        {
                          flagThread = TRUE;
                          hThread   =   CreateThread(NULL,   NULL,   ThreadProc,
(LPVOID)&ptXY, 0, &idThread);
                        }
                        Sleep(1000);
                        break;
```

소스2.2_8

```
                case conti8:                    //"4.정지"에서 엔터키 누르면
                        printf("    정지를 선택하셨습니다...");
                        flagThread = FALSE;
                        WaitForSingleObject(hThread, 3000);
                        if (!hThread) { CloseHandle(hThread); }
                        hThread = NULL;
                        Sleep(1000);
                        break;
                case conti9:                    //"5.연습"에서 엔터키 누르면
                        printf("    연습을 선택하셨습니다...");
                        Sleep(1000);
                        break;
                case EXIT:                      //"6.Exit(Esc)"에서 엔터키 누르면
                        flagThread = FALSE;
                        WaitForSingleObject(hThread, 3000);
                        if (!hThread) { CloseHandle(hThread); }
                        hThread = NULL;
                        CloseHandle(idComDev);
                        exit(0);
                        break;
                default:
                        break;
        }
        menu_display();
}

void MenuDisplay232(void)
{
        int i;
        char c1[3]={27,'c',0};
        char c2[3]={0x0d,0x0a,0};
        char *cp[9] = {
                "통신메뉴 프로그램 2014",
                "메뉴를 선택해주세요.",
                "☞ 이동 : 방향키(↑,↓)\n\r☞ 선택 : Enter\n\r",
                " 1.표시",
                " 2.저장",
                " 3.시작",
                " 4.정지",
                " 5.연습",
                " 6.Exit(Esc)"
        };
```

소스2.2_8

```
WriteFile(idComDev, c1, 2, &dwByte, 0);          //화면을 깨끗하게 지움
          for (i=0; i<9; i++)
          {
                    WriteFile(idComDev, c2, 2, &dwByte, 0);          //한줄 뛰우기
                    WriteFile(idComDev, cp[i], strlen(cp[i]), &dwByte, 0);
          }
          WriteFile(idComDev, c2, 2, &dwByte, 0);          //한줄 뛰우기
}

void move(int q)//키보드 입력에 따라 커서 움직임(+1,-1 : 아래,위로)
{
          gotoxy(x,y);              //전에 있던 "▶" 공백으로 덮어씀(지우기)
          printf("  ");
          gotoxy(x,y=y+(q));     //이동하여 "▶"그림
          if(y==14) y=8;          //8-13사이의 값만 받음
          if(y==7) y=13;
          gotoxy(x,y);
          printf("▶");
}

void menu_display()  //메뉴 디스플레이
{
          system("cls");          //화면을 깨끗하게 지움
          gotoxy(5,3);           puts("통신메뉴 프로그램 2011");
          gotoxy(5,4);           puts("메뉴를 선택해주세요.");
          gotoxy(5,5);           puts("☞ 이동 : 방향키(↑,↓)\n     ☞ 선택 : Enter");

          gotoxy(5,conti4);   puts(" 1.표시");
          gotoxy(5,conti5);   puts(" 2.저장");
          gotoxy(5,conti6);   puts(" 3.시작");
          gotoxy(5,conti8);   puts(" 4.정지");
          gotoxy(5,conti9);   puts(" 5.연습");
          gotoxy(5,EXIT);      puts(" 6.Exit(Esc)");
          gotoxy(x, y);       printf("▶");
}

void gotoxy(int x, int y)//(x,y)좌표로 커서를 이동
{
          COORD pos={x-1,y-1}; //콘솔 화면의 원점은 (0,0)
    SetConsoleCursorPosition(GetStdHandle(STD_OUTPUT_HANDLE), pos);
}
```

소스2.2_8

```
DWORD WINAPI ThreadProc(LPVOID arg)
{
	static int i=0;
	POINT *pt = (POINT*)arg;

	while(flagThread)
	{
		gotoxy(pt->x, pt->y);
		i++;
		printf("%d", i);
		Sleep(1000);
	}
	return TRUE;
}
```

소스2.2_8

<실습>수신문자 스레드

위 메뉴와 프로그램 결합 소스에서 아래 부분만 첨가하거나 수정한다.

```
// 함수정의_수정
void run(int y) //엔터키 누르면 실행할 함수 결정(y 좌표값에 따라서)
{
          switch(y)
          {
                    ~ 이상 생략
                    case conti6:                    //"3.시작"에서 엔터키 누르면
                              printf("    시작을 선택하셨습니다...");
                              if (!flagThread && hThread==NULL)
                              {
                                flagThread = TRUE;
                                 hThread   =   CreateThread(NULL,   NULL,   RecvData,
(LPVOID)NULL, 0, &idThread);
                              }}
                              Sleep(1000);
                              break;
                    ~ 이하 생략
}

DWORD WINAPI RecvData(LPVOID dummy)
{
          DWORD dwByteT;
          char szRecv[256]={0,};          //읽어온 자료를 저장하는 곳

          PurgeComm(idComDev, PURGE_RXCLEAR);//통신입력버퍼 초기화
          while(flagThread)
          {
                    //시리얼포트에서 데이터를 읽는다.
                    ReadFile(idComDev, szRecv, sizeof(szRecv), &dwByteT, 0);
                    if(dwByteT > 0)  // 성공하면 0이외를 반환, 타임아웃도 성공
                    {
                              szRecv[dwByteT] = 0;
                              strcat(total_munja, szRecv);
                              //읽어온 자료를 수신 에디터박스에 출력
                              gotoxy(6,15);
                              printf("%s", total_munja);
                    }
          // Sleep(1); 쓰레드 CPU부하 Sleep로 줄이기
          }
          return TRUE;
}
```

소스2.2_9

5) NonOverlapped I/O와 Overlapped I/O

CreatFile 함수에 의해 파일(포트)을 여는 방법에는 NonOverlapped와 Overlapped 방식이 있다. 논 오버랩 입출력은 ReadFile이나 WriteFile 같은 입출력 함수가 입출력이 완전히 끝날 때까지 리턴하지 않는다. 동기식 입출력방법이라 할 수 있다. 즉,송수신함수의 호출 및 반환시점과 데이터의 송수신 시작 및 완료시점이 일치해야 한다는 의미이다. 따라서 논오버랩 방식에서의 ReadFile이나 WriteFile은 둘 중 하나가 완료되어야 다음 일을 할 수가 없다. 그러나 때로는 파일 입출력 동안에도 다른 작업을 하고 싶을 때도 있다. 이럴 경우 가장 현명한 방법은 멀티스레드를 사용하는 것이다.

오버랩 입출력 방식은 입력버퍼에 데이터가 수신되어서 데이터의 수신이 필요하거나, 출력버퍼가 비어서 데이터의 전송이 가능한 상황을 알릴 수 있다.
그러기 위해서 오버랩 입출력방식에서는 ReadFile이나 WriteFile 같은 입출력 함수의 입출력을 OS에게 위임하고 바로 리턴한다. 그러므로 싱글 스레드에서 많은 작업을 동시에 처리할 수 있다는 이점이 있으나 OS에 따라서는 지원되지 않는 경우도 있다.

오버랩 입출력 작업은 2개의 파트를 갖는다. 첫 번째 파트는 작업의 시작과 종료의 확인이다. OVERLAPPED구조를 생성하고, 동기통신에 대한 이벤트를 생성하고, 관련 함수(ReadFile 또는 WriteFile)를 호출한다. 입출력 작업은 즉시 종료될 수도 그렇지 않을 수도 있으며, 만약 작업이 즉시 종료되면 다른 작업을 즉시 할 수 있다.
두 번째 파트는 데이터가 어떻게 되었는지 처리가 완료되었는지 파악하는 것이다. 이 파트에서는 처리 중에 타임아웃이 걸렸는지 등을 파악한다.

오버랩 입출력을 하려면 CreateFile 함수로 파일 생성 시, 속성을 지정할 때 FILE_FLAG_OVERLAPPED 플래그를 지정하고 ReadFile, WriteFile 함수의 마지막 인수에 OVERLAPPED 구조체의 포인터를 전달한다. 그러면 입출력 함수는 입출력이 시작되는 즉시 리턴하고 다른 작업을 계속 할 수 있도록 해준다. 이후의 입출력동작은 OS가 조절하여 처리하며 입출력 진행과정은 OVERLAPPED 구조체로 조사할 수 있다.

2.5 이벤트 송수신 프로그래밍

지금까지의 송수신은 쓰레드에 의해서 OS가 알아서 적절히 분배하며 실행하였다. 송신을 하다가 포트에 문자가 수신되었을 때 “읽기 해!” 라고 명령을 내린다. 포트에 수신을 되었을 때 이벤트를 발생시켜 수신한 내역을 출력하도록 한다.

☞이벤트란?

이벤트란 어떤 사건이 일어났음을 알리는 동기화 객체이다. 주로 스레드간의 작업순서나 시기를 조정하고 신호는 보내기위해 사용한다. 특정한 조건이 만족될 때까지 대기해야 하는 스레드가 있을 경우 이 스레드의 실행을 이벤트로 제어할 수 있다.

이벤트는 윈도우즈의 메시지와 유사하다. 사용자가 키보드를 누를 때 WM_KEYDOWN 메시지를 윈도우 프로시저에 보내 처리하게 하는 것처럼 정렬이나 다운로드가 끝났을 때 이벤트를 보내 관련된 다른 작업을 하도록 지시할 수 있다.

우리가 사용할 이벤트는 통신이벤트로 통신 포트를 사용하는 중에 계속 발생한다. SetCommMask()함수로 알고자 하는 이벤트를 설정하고, WaitCommEvent()함수로 상태를 체크한다.

통신포트이벤트에 사용하는 함수는 다음과 같다.

· SetCommMask()함수 : 통신중에 발생하는 이벤트를 알기 위해서 알고자하는 이벤트를 설정

· WaitCommEvent()함수: 상태 체크. 상태 체크는 중첩/비중첩 작업 어디서든 사용할 수 있다.

다음은 SetCommMask() 함수의 원형이다.

```
Bool SetCommMask(
      HANDLE hFile; //파일 핸들
      DWORD dwEvtMask ; // 통신이벤트 설정
   );
```

- 첫 번째 인자 : 파일핸들
- 두 번째 인자 : 통신이벤트 설정으로, 통신 이벤트의 종류는 다음과 같다.

이벤트	설명
EV-BREAK	입력에서 브레이크가 검색
EV_ERR	오류가 발생, 오류의 종류 확인 (GetCommModemStatus 호출)
EV_RING	전화벨이 울렸다는 신호가 왔다
EV_RXCHAR	새로운 문자가 수신되어 입력버퍼에 놓여있다.
EV_RXFLAG	이벤트 문자가 수신되어 입력버퍼에 놓여있다.
EV_TXEMPTY	마지막 문자가 송신되어 송신버퍼가 비웠다. 하드웨어에 전송이 끝났다는 것을 알려줌

SetCommMask()의 이벤트 설정 예

```
DWORD dwStoreFlags;
dwStoreFlags=EV_Break|EV_ERR|EV_RING|
        EV_RXCHAR|EV_RXFLAG|EV|TXEMPTY;

If(!SetCommMask(hComm, dwStoreFlags))
//통신 마스크 설정 오류
```

이벤트 마스크를 설정한 후엔 WaitCommEvent 함수는 이벤트가 발생했다는 것을 검색하게 된다. 만약 포트가 비 중첩 작업을 위해 열렸다면 OVERLAPPED구조체를 포함하지 않는다. 지정한 이벤트중의 하나가 발생할 때까지 프로그램은 진행되지 않고 붙잡힌다. 만약 이벤트가 전혀 발생하지 않는다면 그 스레드 역시 붙들린다.

```
BOOL WaitCommEvent(
    HANDLE hFile;  //파일 핸들
    LPDWORD lpEvtMask ;  // 수신이벤트받을포인터
     에러가 일어나면 0이고 , 에러가 아니면 0이외의 다른 값
    LPOVERLAPPED lpOverlapped,
    //OVERLAPPED 구조체 핸들,hFile이 논오버랩이면 NULL값을
   가지고, 오버랩으로 열렸으면 NULL이 아니어야 함
   );
```

- 첫 번째 인자 : 파일핸들
- 두 번째 인자 : 일어난 이벤트의 타입을 수신 받을 포인터로, 에러가 일어나면 이

값은 0이고 에러가 아니면 0이외의 다른 값으로 나타난다.
 - 세 번째 인자 : OVERLAPPED 구조체 핸들로, hFile이 NonOverlapped이면 NULL 값을 가지고, FILE_FLAG_OVERLAPPED로 열렸으면 NULL이 아니어야 한다.

기존 읽기, 쓰기 OVERLAPPED 구조체가 아니라 다른 구조체를 선언하고 그 구조체 이벤트를 생성하여 등록한 후 사용한다. hFile이 FILE_FLAG_OVERLAPPED 으로 열렸고 lpOverlapped 이 NULL이면 운영이 완전한 출력을 부정확하게 할 것이다.

<실습> 쓰레드 이벤트

위 실습 소스에 아래 쓰레드 함수 부분만 수정하여 실행한다.

```
DWORD WINAPI RecvData(LPVOID dummy);
                                                ~
OVERLAPPED      osRead, osWrite;  // 송수신용 오버렙드
char total_munja[4096]="";    //읽고 쓰는 데이터를 저장


DWORD WINAPI RecvData(LPVOID dummy)
{
        DWORD dwByteT;
        char szRecv[256]={0,};          //읽어온 자료를 저장하는 곳
        DWORD    dwEvtMask;

        memset(&osRead, 0, sizeof(OVERLAPPED));
        osRead.hEvent = CreateEvent(NULL, TRUE, FALSE, NULL);
        if (osRead.hEvent == NULL)
        {
          MessageBox(NULL, "Failed to create event for thread!", "COM Error!",
          MB_ICONEXCLAMATION | MB_OK);
          flagThread = FALSE;       //return (FALSE);
        }

        //핸들을 이용 문자가 수신되면 이벤트를 발생할 것을 설정
        if (!SetCommMask(idComDev, EV_RXCHAR)) return (FALSE);

        PurgeComm(idComDev, PURGE_RXCLEAR);//통신입력버퍼 초기화
```

소스2.2_10

```
        while(flagThread)
        {
          //발생할 이벤트를 기다림
          //dwEvtMask = 0;
          if(!WaitCommEvent(idComDev, &dwEvtMask, &osRead)) // 0:실패,이외:성공
          {
              if (ERROR_IO_PENDING == GetLastError()) // 오버랩IO처리가 진행중이면
              {
                 GetOverlappedResult(idComDev, &osRead, &dwByteT, TRUE);
              }
          }

          //수신 이벤트이면 시리얼포트에서 데이터를 읽는다.
          if ((dwEvtMask & EV_RXCHAR) == EV_RXCHAR)
          {
          // 오버랩드 I/O로 시리얼포트에서 데이터를 읽는다.//lpszBlock에 읽은값이 들어간다.
          ReadFile(idComDev, szRecv, sizeof(szRecv), &dwByteT, &osRead);
          //ERROR_IO_PENDING이면 정상적인 비동기작업.
          if (GetLastError() != ERROR_IO_PENDING)  { /* 에러처리 */ }

          // 읽기작업이 끝나기를 대기한다. 1초를 대기한다.
          if (WaitForSingleObject(osRead.hEvent, 1000))
            { /* 에러처리 0:성공, 이외:실패 */ }


          // 데이터를 읽어온 경우 그 최종 결과를 알아온다.
          GetOverlappedResult(idComDev, &osRead, &dwByteT, FALSE);
          // 콘솔에 표시
          if(dwByteT > 0)  // 성공하면 0이외를 반환, 타임아웃도 성공
            {
                szRecv[dwByteT] = 0;
                strcat(total_munja, szRecv);
                //읽어온 자료를 수신 에디터박스에 출력
                gotoxy(6,15);
                printf("%s", total_munja);
            }
          } //if
        }//while

        CloseHandle(osRead.hEvent);
        return TRUE;
}
```

소스2.2_10

<실습> 쓰레드를 이용한 하이퍼터미널로부터 데이터 수신하여 콘솔창 표시

```
// 함수정의
void run232(int y) //숫자 문자 수신하면 실행할 함수 결정
{
        char sztmp[1024]={0,};
        switch(y) {
                case '1':          //"1.표시"에서 엔터키 누르면
                        strcpy(sztmp, "   표시를 선택하셨습니다...");   break;
                case '2':          //"2.저장"에서 엔터키 누르면
                        strcpy(sztmp, "   저장을 선택하셨습니다...");   break;
                case '3':          //"3.시작"에서 엔터키 누르면
                        strcpy(sztmp, "   시작을 선택하셨습니다...");   break;
                case '4':          //"4.정지"에서 엔터키 누르면
                        strcpy(sztmp, "   정지를 선택하셨습니다...");   break;
                case '5':          //"5.연습"에서 엔터키 누르면
                        strcpy(sztmp, "   연습을 선택하셨습니다...");   break;
                case 27:                //"6.Exit(Esc)"에서 엔터키 누르면
                case '6':               //"6.Exit(Esc)"에서 엔터키 누르면
                        strcpy(sztmp, "   Exit(Esc)를 선택하셨습니다...");break;
                default:
                        break;
        }
        WriteFile(idComDev, sztmp, strlen(sztmp), &dwByte, &osWrite);
        Sleep(1000);
        MenuDisplay232();
}

DWORD WINAPI RecvData(LPVOID dummy)
{
        DWORD dwByteT;
        char szRecv[256]={0,};        //읽어온 자료를 저장하는 곳
        DWORD    dwEvtMask;

        memset(&osRead, 0, sizeof(OVERLAPPED));
        osRead.hEvent = CreateEvent(NULL, TRUE, FALSE, NULL);
        if (osRead.hEvent == NULL)
        {
          MessageBox(NULL, "Failed to create event for thread!", "COM Error!",
          MB_ICONEXCLAMATION | MB_OK);
          flagThread = FALSE;       //return (FALSE);
        }

        //핸들을 이용 문자가 수신되면 이벤트를 발생할 것을 설정
        if (!SetCommMask(idComDev, EV_RXCHAR)) return (FALSE);
```

소스2.2_11

```
        PurgeComm(idComDev, PURGE_RXCLEAR);//통신입력버퍼 초기화

        while(flagThread)
         {
           //발생할 이벤트를 기다림
           //dwEvtMask = 0;
           if(!WaitCommEvent(idComDev, &dwEvtMask, &osRead)) // 0:실패,이외:성공
           {
               if (ERROR_IO_PENDING == GetLastError()) // 오버랩IO처리가 진행중이면
               {
                   GetOverlappedResult(idComDev, &osRead, &dwByteT, TRUE);
               }
           }

         //수신 이벤트이면 시리얼포트에서 데이터를 읽는다.
         if ((dwEvtMask & EV_RXCHAR) == EV_RXCHAR)
         {
           // 오버랩드 I/O로 시리얼포트에서 데이터를 읽는다.//lpszBlock에 읽은값이 들어간다.
           ReadFile(idComDev, szRecv, sizeof(szRecv), &dwByteT, &osRead);
           //ERROR_IO_PENDING이면 정상적인 비동기작업.
           if (GetLastError() != ERROR_IO_PENDING)  { /* 에러처리 */ }

           // 읽기작업이 끝나기를 대기한다. 1초를 대기한다.
           if (WaitForSingleObject(osRead.hEvent, 1000))
             { /* 에러처리 0:성공, 이외:실패 */ }

           // 데이터를 읽어온 경우 그 최종 결과를 알아온다.
           GetOverlappedResult(idComDev, &osRead, &dwByteT, FALSE);
           // 콘솔에 표시
           if(dwByteT > 0)  // 성공하면 0이외를 반환, 타임아웃도 성공
           {
                   szRecv[dwByteT] = 0;
                   strcat(total_munja, szRecv);
                   //읽어온 자료를 수신 에디터박스에 출력
                   gotoxy(6,15);
                   printf("%s", total_munja);
                   run232(szRecv[0]);
           }
         } //if
       }//while

       CloseHandle(osRead.hEvent);
       return TRUE;
}
```

소스2.2_11

<실습> 쓰레드를 이용한 하이퍼터미널로부터 데이터 수신하여 콘솔창에서 저장하는 프로그램

```
// 함수정의
void run232(int y) //숫자 문자 수신하면 실행할 함수 결정
{
    char sztmp[1024]={0,};
    switch(y)
    {
        case '1':                    //"1.표시"에서 엔터키 누르면
            strcpy(sztmp, "    표시를 선택하셨습니다...");
            sprintf(sztmp, "%s\n\r%02X %02X %02X %02X %02X %02X %02X %02X %02X",
                    sztmp, szBuf[0], szBuf[1], szBuf[2], szBuf[3], szBuf[4],szBuf[5],
                    szBuf[6], szBuf[7], szBuf[8]);
            WriteFile(idComDev, sztmp, strlen(sztmp), &dwByte, &osWrite);
            Sleep(1000);
            MenuDisplay232();              break;
        case '2':                    //"2.저장"에서 엔터키 누르면
            if (cmMode==2)
            {
                if (cmCnt != 0)//변수 저장값을 입력받고 있는 중이면
                {
                        WriteFile(idComDev, &cmRcv, 1, &dwByte, &osWrite);
                        cmRcv = ('0'<=cmRcv && cmRcv<='9') ? cmRcv-'0' :
                                ('a'<=cmRcv && cmRcv<='f') ? cmRcv-'a'+10 :
                                ('A'<=cmRcv && cmRcv<='F') ? cmRcv-'A'+10 : 0;
                        szBuf[8-cmCnt] = 16*szBuf[8-cmCnt] + cmRcv;
                        // 첫번째 자리수가 수신되었으면 두번째 자리수 수신준비
                        if (cmCnt2 == 2) { cmCnt2 = 1; }
                        else { // 두번째 자리수가 수신되었으면
                            Sleep(500);
                            cmCnt = cmCnt - 1;// 남은 입력 숫자 개수 계산
                            if (cmCnt == 0)// 모두 수신(입력)되었으면
                            {
                              cmMode = 0;//저장모드 완료
                              cmCnt2 = 0;//자리수 의미가 없고
                              strcpy(sztmp, "\r\n입력이 완료되었습니다.");
                              WriteFile(idComDev, sztmp, strlen(sztmp), &dwByte, &osWrite);
                              Sleep(1000);
                              MenuDisplay232();//메뉴만 다시 표시하면 되고
                            }
```

소스2.2_12

```
                    else// 다음은 첫번째 자리수가 되고
                    {
                      cmCnt2 = 2;
                      szBuf[8-cmCnt] = 0;
                      MenuDisplay232();// 다음 입력 메세지까지 표시해야 하고
                      sprintf(sztmp, "\n\r\n\r[2자리HEX][엔터] szBuf[%d번째]
: 예)4A[CR]\n\r", 8-cmCnt);
                      WriteFile(idComDev, sztmp, strlen(sztmp), &dwByte, &osWrite);
                    }
                  }//else
                  Sleep(500);
                }//if
              }
        }
        else
        {
                    cmCnt = 8;
                    cmCnt2 = 2;
                    cmMode = 2;
                    szBuf[8-cmCnt] = 0;
                    strcpy(sztmp, "   저장을 선택하셨습니다...");
                    WriteFile(idComDev, sztmp, strlen(sztmp), &dwByte, &osWrite);
                    MenuDisplay232();
                    sprintf(sztmp,        "\n\r\n\r[2자리HEX][엔터]        szBuf[%d번째]:
예)4A[CR]\n\r", 8-cmCnt);
                    WriteFile(idComDev, sztmp, strlen(sztmp), &dwByte, &osWrite);
        }
                    break;
        case '3':             //"3.시작"에서 엔터키 누르면
                    strcpy(sztmp, "   시작을 선택하셨습니다...");
                    WriteFile(idComDev, sztmp, strlen(sztmp), &dwByte, &osWrite);
                    Sleep(1000);
                    MenuDisplay232();
                    break;
        case '4':             //"4.정지"에서 엔터키 누르면
                    strcpy(sztmp, "   정지를 선택하셨습니다...");
                    WriteFile(idComDev, sztmp, strlen(sztmp), &dwByte, &osWrite);
                    Sleep(1000);
                    MenuDisplay232();
                    break;
        case '5':             //"5.연습"에서 엔터키 누르면
                    strcpy(sztmp, "   연습을 선택하셨습니다...");
                    WriteFile(idComDev, sztmp, strlen(sztmp), &dwByte, &osWrite);
                    Sleep(1000);
```

소스2.2_12

```
                    MenuDisplay232();
                    break;
          case 27:           //"6.Exit(Esc)"에서 엔터키 누르면
          case '6':          //"6.Exit(Esc)"에서 엔터키 누르면
                    strcpy(sztmp, "    Exit(Esc)를 선택하셨습니다...");
                    WriteFile(idComDev, sztmp, strlen(sztmp), &dwByte, &osWrite);
                    Sleep(1000);
                    MenuDisplay232();
                    break;
          default:  break;
          }
}


DWORD WINAPI RecvData(LPVOID dummy)
{
          DWORD dwByteT;
          char szRecv[256]={0,};          //읽어온 자료를 저장하는 곳
          DWORD    dwEvtMask;

          memset(&osRead, 0, sizeof(OVERLAPPED));
          osRead.hEvent = CreateEvent(NULL, TRUE, FALSE, NULL);
          if (osRead.hEvent == NULL)
          {
            MessageBox(NULL, "Failed to create event for thread!", "COM Error!",
            MB_ICONEXCLAMATION | MB_OK);
            flagThread = FALSE;        //return (FALSE);
          }

          //핸들을 이용 문자가 수신되면 이벤트를 발생할 것을 설정
          if (!SetCommMask(idComDev, EV_RXCHAR)) return (FALSE);

          PurgeComm(idComDev, PURGE_RXCLEAR);//통신입력버퍼 초기화
```

소스2.2_12

```
        while(flagThread)
        {
          //발생할 이벤트를 기다림
          //dwEvtMask = 0;
          if(!WaitCommEvent(idComDev, &dwEvtMask, &osRead)) // 0:실패,이외:성공
          {
              if (ERROR_IO_PENDING == GetLastError()) // 오버랩IO처리가 진행중이면
              {
                  GetOverlappedResult(idComDev, &osRead, &dwByteT, TRUE);
              }
          }

         //수신 이벤트이면 시리얼포트에서 데이터를 읽는다.
         if ((dwEvtMask & EV_RXCHAR) == EV_RXCHAR)
         {
          // 오버랩드 I/O로 시리얼포트에서 데이터를 읽는다.//lpszBlock에 읽은값이 들어간다.
          ReadFile(idComDev, szRecv, sizeof(szRecv), &dwByteT, &osRead);
          //ERROR_IO_PENDING이면 정상적인 비동기작업.
          if (GetLastError() != ERROR_IO_PENDING)  { /* 에러처리 */ }

          // 읽기작업이 끝나기를 대기한다. 1초를 대기한다.
          if (WaitForSingleObject(osRead.hEvent, 1000))
            { /* 에러처리 0:성공, 이외:실패 */ }

          // 데이터를 읽어온 경우 그 최종 결과를 알아온다.
          GetOverlappedResult(idComDev, &osRead, &dwByteT, FALSE);

          if(dwByteT > 0)  // 성공하면 0이외를 반환, 타임아웃도 성공
          {
                  szRecv[dwByteT] = 0;
                  strcat(total_munja, szRecv);
                  //읽어온 자료를 수신 에디터박스에 출력
                  gotoxy(6,15);
                  printf("%s", total_munja);
                  cmRcv = szRecv[0];
                  if (cmMode==2) { run232('2'); }
                  else { run232(szRecv[0]); }
          }
         } //if
        }//while

        CloseHandle(osRead.hEvent);
        return TRUE;
}
```

소스2.2_12

3장 텍스트 패널을 이용한 통신 프로그램

1. 제어보드(UIF) 이해
2. 제어보드(UIF)의 키패드 이용한 프로그램 작성
3. 종합 응용 프로그래밍

3장 텍스트 패널을 이용한 통신 프로그램

이 장에서는 앞서 배웠던 통신프로그램의 다양한 방법을 이용하여 콘솔창에서 제어보드로, 또는 제어보드에서 콘솔창으로의 데이터 전송 프로그램을 작성하여 본다. 먼저 실습하고자 하는 제어보드(UIF)의 프로토콜을 이해하여야 한다.

1. 제어보드(UIF) 이해

1.1 제어보드(UIF) 구조

1) 제어보드(UIF) 구성 및 기능

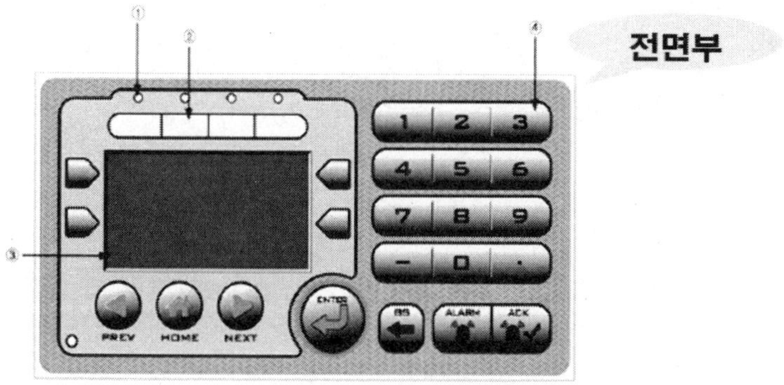

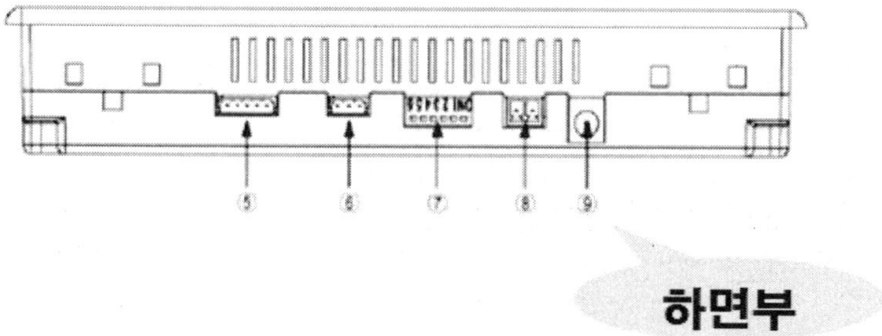

번 호	명 칭	기 능
①	LED	LED ON/OFF
②	Text Strip	종이에 글씨를 써서 넣는 곳
③	그래픽 LCD	그래픽(선,원,박스,...), BMP파일, 한글, 영문, 숫자, 기호 표시
④	Key	Key값을 RS232 및 SPI로 전송
⑤	커넥터	SPI 통신 연결 단자

⑥	커넥터	I2C 통신 연결 단자
⑦	S/W	-RS232 통신속도 설정 -I2C Address 설정 -RS232 및 I2C 모드 설정 -전체 Key 이상여부판단 및 Key 값 확인 -Key 부저음 ON/OFF
⑧,⑨	전원단자	DC9-24V

2) 하면부 DIP Switch 설정방법

SW1, SW2, SW3 (O=ON, X=OFF)	RS232 통신속도	I2C 어드레스
X, X, X	19200	0
X, X, O	4800	1
X, O, X	9600	2
X, O, O	19200	3
O, X, X	28800	4
O, X, O	38400	5
O, O, X	57600	6
O, O, O	115200	7

SW4	OFF: RS232	ON: I2C / SPI	#1
SW5	OFF: Key 부저음 ON	ON: Key 부저음 OFF	#2
SW6	ON: 전체 Key 이상 여부 판단 및 Key 값 확인		#3

(* S/W 설정 후 전원을 껐다 켜야 적용 됩니다.)

-Rs232모드: RS232통신을 이용하여 Key값을 전송하여 그래픽 LCD에 그래픽, BMP 파일, 영문, 기호, 숫자등을 표시한다.

-Key를 누를때마다 짧은 부저음이 나는데 이 부저음을 SW5에서 제어한다.

-SW6을 ON상태로 전원을 켰을 때는 전체 key이상여부 검사한다.

3) 좌표계 이해

제어보드(UIF)에서는 텍스트와 그래픽을 표시할 때 서로 다른 좌표계를 사용한다. 유효범위를 넘는 좌표를 설정한 경우 엉뚱한 위치에 표시되거나, 표시가 안되는 경우가 있으므로 주의해야 한다.

가. 텍스트 좌표

텍스트는 문자단위(8×16)로, x좌표가 0~16, y좌표가 0~3 범위내에서 표시된다. 영문, 숫자, 기호의 크기는 8×16 크기이므로 가로 16자, 세로 4자를 표시할 수 있고 특수문자, 한글의 크기는 16×16이므로 가로8자, 세로 4자를 표시할 수 있다.

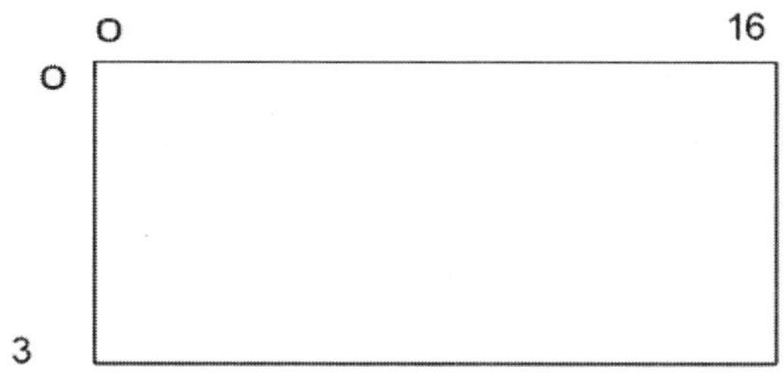

나. 그래픽 좌표

그래픽은 도트단위(1×1)로, x좌표가 0~127, y좌표가 0~63 범위내에서 표시된다.

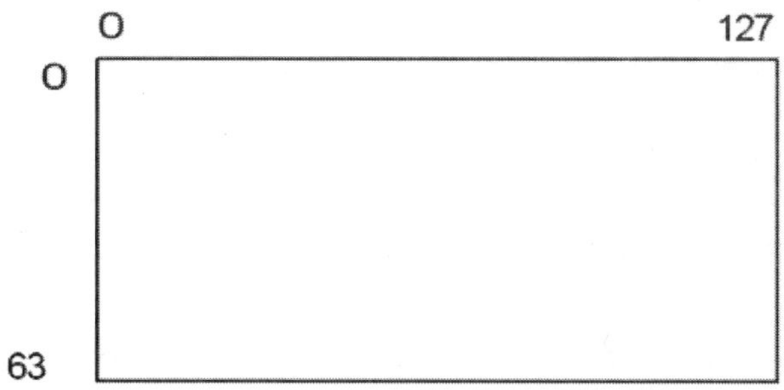

4) 제어보드(UIF)의 제어형식

제어보드(UIF)는 ESC 코드를 선두로, 2개의 영문자를 보내 동작을 지시한 뒤, 그에 필요한 각종 인수를 보내는 형식으로 되어 있다

예) LED On/OFF

ESC	L	E	n1	n2
1바이트	1바이트	1바이트	1바이트	1바이트

- N1 : LED 선택 (1~4)
- N2 : 0(OFF), 1(ON)
- 동작설명 : LED를 선택해서 On/Off를 할 수 있음
- 전송 예 : 2번째 LED ON

  (16진수) 1B 4C 45 02 01

  ESC L E 2 1

예) LED 2버째 On

```
void Write232Test(void)
{
        char c[]= {27,'L','E', 1, 1 };
        WriteFile(idComDev, c, 5, &dwByte, 0);
}
```

<과제> 사용자가 LED 1~4번 중 선택해서 켜지도록 함수를 수정한다.

〈실습〉

LedOnOff(1,1); // LEDOnOFF 함수 호출(1번 램프 켜지도록) 프로그래밍

```
// 예)
void LedOnOff(BYTE n1, BYTE n2)
{
        BYTE c[]= {27,'L','E', 0, 0 };
        if ((1<=n1) && (n1<=4))
        {
                c[3] = n1;
                c[4] = n2 == TRUE;
                WriteFile(idComDev, c, 5, &dwByte, 0);
        }
} // LEDOnOff 함수 정의
```

```
#include <windows.h>        //Sleep(),gotoxy()함수에서 사용하는 자료형와 함수
#include <stdio.h>
#include <stdlib.h>         //exit()
#include <conio.h>          //getch()

// 매크로정의
#define conti4 8            //"1. 룰렛 4연발" 메뉴 출력 y 좌표
#define conti5 9        //"2. 룰렛 5연발" 메뉴 출력 y 좌표
#define conti6 10           //"3. 룰렛 6연발" 메뉴 출력 y 좌표
#define conti8 11           //"4. 룰렛 8연발" 메뉴 출력 y 좌표
#define conti9 12           //"5. 룰렛 9연발" 메뉴 출력 y 좌표
#define EXIT 13                     //"6.Exit(Esc)" 메뉴 출력 y 좌표

// 함수선언
void menu_display();
void run(int y);
void LedOnOff(BYTE n1, BYTE n2);
void move(int q);
void gotoxy(int x, int y);

// 전역변수정의
int x,y;                    //전역변수 커서 좌표
HANDLE idComDev;
DWORD dwByte;
unsigned char szBuf[255]="ABCD통신", szBuffer[1024]={0,};
char szPort[15]="COM4";
char key;

void main(void)
{
        idComDev = CreateFile(
                    szPort,
                    GENERIC_READ | GENERIC_WRITE,
                    0,
                    NULL,
                    OPEN_EXISTING,
                    NULL,
                    NULL);
        if(idComDev==INVALID_HANDLE_VALUE)
        {
                MessageBox(0, "ComPort Error", "OTL", MB_OK);
                exit(0);
        }
```

소스3.1_1

```
        COMMTIMEOUTS CommTimeOuts;          //타임아웃설정
        // 현재 설정중인 타임아웃 자료 얻기
        GetCommTimeouts(idComDev, &CommTimeOuts);
        {
                CommTimeOuts.ReadIntervalTimeout = 0xFFFFFFFF;
                CommTimeOuts.ReadTotalTimeoutMultiplier = 0;
                CommTimeOuts.ReadTotalTimeoutConstant = 0;
                CommTimeOuts.WriteTotalTimeoutMultiplier = 0;
                CommTimeOuts.WriteTotalTimeoutConstant = 0;
        }
        SetCommTimeouts(idComDev, &CommTimeOuts);

        DCB dcb; //DCB구조체 선언
        GetCommState(idComDev, &dcb);
        {
                dcb.BaudRate =CBR_9600;
                dcb.ByteSize = 8;
                dcb.Parity = NOPARITY;
                dcb.StopBits = 0;
                dcb.fBinary = TRUE;
                dcb.fParity = FALSE;
        }
        SetCommState(idComDev, &dcb);
        PurgeComm(idComDev, PURGE_RXCLEAR);//통신입력버퍼 초기화
        PurgeComm(idComDev, PURGE_TXCLEAR);//통신출력버퍼 초기화

        x = 3;
        y = conti6;                             //메뉴 출력시 "▶"가 있을 위치 설정
        menu_display();                 //메뉴 화면 출력

        while(1)
        {
                key=getch();            //문자저장
                switch(key)
                {
                        case 13:                //엔터키
                                run(y);     break;
                        case 72:                //방향키(↑)
                                move(-1); break;
                        case 80:                //방향키 (↓)
                                move(1);  break;
                        case 27:                //Esc키 누르면 프로그램 종료
                                run(EXIT);break;
                        default:        break;
                }//switch
        }
        CloseHandle(idComDev);
}
```

소스3.1_1

```
// 함수정의
void run(int y) //엔터키 누르면 실행할 함수 결정(y 좌표값에 따라서)
{
	switch(y)
	{
		case conti4:			//"1.표시"에서 엔터키 누르면
			printf("   표시를 선택하셨습니다...");
			LedOnOff(1,1);
			Sleep(1000);  break;
		case conti5:			//"2.저장"에서 엔터키 누르면
			printf("   저장을 선택하셨습니다...");
			LedOnOff(1,0);
			Sleep(1000);  break;
		case conti6:			//"3.시작"에서 엔터키 누르면
			printf("   시작을 선택하셨습니다...");
			Sleep(1000);  break;
		case conti8:			//"4.정지"에서 엔터키 누르면
			printf("   정지를 선택하셨습니다...");
			Sleep(1000);  break;
		case conti9:			//"5.연습"에서 엔터키 누르면
			printf("   연습을 선택하셨습니다...");
			Sleep(1000);  break;
		case EXIT:			//"6.Exit(Esc)"에서 엔터키 누르면
			CloseHandle(idComDev);
			exit(0);  break;
		default:
			break;
	}
	menu_display();
}

void LedOnOff(BYTE n1, BYTE n2)
{
	BYTE c[]={27,'L','E', 0, 0};
	if ((1<=n1) && (n1<=4))
	{
		c[3] = n1;
		c[4] = n2 == TRUE;
		WriteFile(idComDev, c, 5, &dwByte, 0);
	}
}
```

소스3.1_1

```
void move(int q)//키보드 입력에 따라 커서 움직임(+1,-1 : 아래,위로)
{
          gotoxy(x,y);              //전에 있던 "▶" 공백으로 덮어씀(지우기)
          printf("   ");
          gotoxy(x,y=y+(q));     //이동하여 "▶"그림
          if(y==14) y=8;           //8-13사이의 값만 받음
          if(y==7) y=13;
          gotoxy(x,y);
          printf("▶");
}

void menu_display()  //메뉴 디스플레이
{
          system("cls");           //화면을 깨끗하게 지움
          gotoxy(5,3);            puts("통신메뉴 프로그램 2011");
          gotoxy(5,4);            puts("메뉴를 선택해주세요.");
          gotoxy(5,5);            puts("☞ 이동 : 방향키(↑,↓)\n       ☞ 선택 : Enter");

          gotoxy(5,conti4);   puts(" 1.표시");
          gotoxy(5,conti5);   puts(" 2.저장");
          gotoxy(5,conti6);   puts(" 3.시작");
          gotoxy(5,conti8);   puts(" 4.정지");
          gotoxy(5,conti9);   puts(" 5.연습");
          gotoxy(5,EXIT);       puts(" 6.Exit(Esc)");
          gotoxy(x, y);        printf("▶");
}

void gotoxy(int x, int y)//(x,y)좌표로 커서를 이동
{
          COORD pos={x-1,y-1};  //콘솔 화면의 원점은 (0,0)
    SetConsoleCursorPosition(GetStdHandle(STD_OUTPUT_HANDLE), pos);
}
```

소스3.1_1

1.2. 각 명령어의 제어형식과 함수

1) 배경 조명 ON/OFF

LCD 백 라이트를 ON/OFF하는 기능이다.

ESC	BL	n
1바이트	2바이트	1바이트

인수) n : 0=OFF, 1=ON

설명) LCD창의 백라이트를 ON/OFF 한다.

2) 글자표시

글자를 표시에 앞서 제어보드(UIF) LCD창에 표시하고자 위치를 설정해 주어야 한다.

ESC	LO	n1	n2
1바이트	2바이트	1바이트	1바이트

인수) n1: LCD 가로축, n2: LCD 세로축

설명) 좌표설정으로 화면에 글자 및 기호 표시시 위치를 설정해 준다.

함수정의) 좌표 0,1 에 표시 위치 설정하는 경우

```
void UifGotoxyT(BYTE n1, BYTE n2)
{
        int i=5;
        BYTE c[5]= {27,'L','O', n1, n2 };
        WriteFile(idComDev, c, i, &dwByte, 0);
} // 함수 정의

UifGotoxyT(0,1);
```

위 소스는 UIfGotoxyT()함수를 정의하고, 두 번째 줄에 출력하도록 함수를 호출한 예이다. 해당 위치에 다음 명령을 주어 글자가 표시되도록 한다.

```
WriteFile(idComDev, "ABCDEFGH", 8, &dwByte, 0);
WriteFile(idComDev, "한글출력", 8, &dwByte, 0);

//글자는 좌표설정과 같이 설정해 주어야 함.
```

〈실습〉 정해진 위치에 글자출력

```
void run(int y) //엔터키 누르면 실행할 함수 결정(y 좌표값에 따라서)
{
        switch(y)
        {
                case conti4:                    //"1.표시"에서 엔터키 누르면
                        printf("   표시를 선택하셨습니다...");
                        UifGotoxyT(0,1);
                        WriteFile(idComDev, "ABCDEFGH", 8, &dwByte, 0);
                        Sleep(1000);
                        break;
                case conti5:                    //"2.저장"에서 엔터키 누르면
                        printf("   저장을 선택하셨습니다...");
                        Sleep(1000);
                        break;
                case conti6:                    //"3.시작"에서 엔터키 누르면
                        printf("   시작을 선택하셨습니다...");
                        Sleep(1000);
                        break;
                case conti8:                    //"4.정지"에서 엔터키 누르면
                        printf("   정지를 선택하셨습니다...");
                        Sleep(1000);
                        break;
                case conti9:                    //"5.연습"에서 엔터키 누르면
                        printf("   연습을 선택하셨습니다...");
                        Sleep(1000);
                        break;
                case EXIT:                      //"6.Exit(Esc)"에서 엔터키 누르면
                        CloseHandle(idComDev);
                        exit(0);
                        break;
                default:
                        break;
        }
        menu_display();
}


void UifGotoxyT(BYTE n1, BYTE n2)
{
        int i=5;
        BYTE c[5]= {27,'L','O', n1, n2 };
        WriteFile(idComDev, c, i, &dwByte, 0);
}
```

소스3.1_2

3) 지우기

LCD창에 표시된 글자나 기호 등을 지우는 기능이다.

ESC	CL	n
1바이트	2바이트	1바이트

인수) n: 0=전체 지움, 1=부분 지움, 2=지우지 않음

설명) 전체 및 부분화면을 지운다.

함수정의) 화면 전체를 지우는 경우

```
void UifClearT(BYTE n)
        // 0:전체, 1:부분모드, 2:1부분모드취소
{
        int i=4;
        BYTE c[4]= {27,'C','L', n };
        WriteFile(idComDev, c, i, &dwByte, 0);
}

UifClearT(0);
```

<과제> LCD 창 정가운데에 사용자의 이름이 표시되도록 한다.

〈소스〉

```
void run(int y) //엔터키 누르면 실행할 함수 결정(y 좌표값에 따라서)
{
        switch(y)
        {
                case conti4:                    //"1.표시"에서 엔터키 누르면
                        printf("    표시를 선택하셨습니다...");
                        UifGotoxyT(5,2);
                        WriteFile(idComDev, "홍길동", 6, &dwByte, 0);
                        Sleep(1000);  break;
                case conti5:                    //"2.저장"에서 엔터키 누르면
                        printf("    저장을 선택하셨습니다...");
                        UifClearT(0);
                        Sleep(1000);  break;
                case conti6:                    //"3.시작"에서 엔터키 누르면
                        printf("    시작을 선택하셨습니다...");
                        Sleep(1000);  break;
                case conti8:                    //"4.정지"에서 엔터키 누르면
                        printf("    정지를 선택하셨습니다...");
                        Sleep(1000);  break;
                case conti9:                    //"5.연습"에서 엔터키 누르면
                        printf("    연습을 선택하셨습니다...");
                        Sleep(1000);  break;
                case EXIT:                      //"6.Exit(Esc)"에서 엔터키 누르면
                        CloseHandle(idComDev);
                        exit(0);  break;
                default:
                        break;
        }
        menu_display();
}

void UifGotoxyT(BYTE n1, BYTE n2)
{
        int i=5;
        BYTE c[5]= {27,'L','O', n1, n2 };
        WriteFile(idComDev, c, i, &dwByte, 0);
}

void UifClearT(BYTE n)          // 0:전체, 1:부분모드, 2:1부분모드취소
{
        int i=4;
        BYTE c[4]={27,'C','L', n};
        WriteFile(idComDev, c, i, &dwByte, 0);
}
```

소스3.1_3

4) 그래픽 관련 명령어(선 그리기)

선 그리기 : x1,y1에서 x2,y2로 직선을 표시하는 기능이다.

ESC	LI	X1	Y1	X2	Y2
1바이트	2바이트	2바이트	2바이트	2바이트	2바이트

인수) X1, Y1=시작 포인트, X2, Y2=종료 포인트

설명) X1, Y1에서 X2, Y2로 직선을 표시한다.

함수정의) 좌표 10,10~80,30 으로 선 그리는 경우

```
void UifLine(WORD x1, WORD y1, WORD x2, WORD y2)
{
        int i=11;
        BYTE c[11]= {27,'L','I',
                LOBYTE(x1), HIBYTE(x1), LOBYTE(y1), HIBYTE(y1),
                LOBYTE(x2),HIBYTE(x2), LOBYTE(y2), HIBYTE(y2) };
        WriteFile(idComDev, c, i, &dwByte, 0);
}

UifLine(10,10,80,30);
```

〈소스〉 run()함수

```
void run(int y) //엔터키 누르면 실행할 함수 결정(y 좌표값에 따라서)
{
	switch(y)
	{
		case conti4:			//"1.표시"에서 엔터키 누르면
			printf("	표시를 선택하셨습니다...");
			UifLine(10,10,80,30);
			Sleep(1000);	break;
		case conti5:			//"2.저장"에서 엔터키 누르면
			printf("	저장을 선택하셨습니다...");
			UifClearT(0);
			Sleep(1000);	break;
		case conti6:			//"3.시작"에서 엔터키 누르면
			printf("	시작을 선택하셨습니다...");
			Sleep(1000);	break;
		case conti8:			//"4.정지"에서 엔터키 누르면
			printf("	정지를 선택하셨습니다...");
			Sleep(1000);	break;
		case conti9:			//"5.연습"에서 엔터키 누르면
			printf("	연습을 선택하셨습니다...");
			Sleep(1000);	break;
		case EXIT:			//"6.Exit(Esc)"에서 엔터키 누르면
			CloseHandle(idComDev);
			exit(0);	break;
		default:
			break;
	}
	menu_display();
}

void UifLine(WORD x1, WORD y1, WORD x2, WORD y2)
{
	int i=11;
	BYTE c[11]={27,'L','l',
		LOBYTE(x1), HIBYTE(x1), LOBYTE(y1), HIBYTE(y1),
		LOBYTE(x2), HIBYTE(x2), LOBYTE(y2), HIBYTE(y2)};
	WriteFile(idComDev, c, i, &dwByte, 0);
}
```

소스3.1_4

5) 그래픽 관련 명령어(이어서 선 그리기)

ESC	LT	X	Y
1바이트	2바이트	2바이트	2바이트

인수) X, Y=종료 포인트

설명) 계속해서 선을 그릴 경우에 사용합니다. 먼저 선을 그린 경우, 끝난 지점이 자동적으로 시작점이 된다. 계속 이어진 선을 그릴 경우 종료 점을 반복해서 지정하는 불편함을 해소한 명령이다.

함수정의) 좌표 30,50에서 계속 선을 이어서 그리는 경우

```
void UifLineT(WORD x, WORD y)
{
        int i=8;
        BYTE c[8]={27,'L','T',
                LOBYTE(x), HIBYTE(x), LOBYTE(y), HIBYTE(y)};
        WriteFile(idComDev, c, i, &dwByte, 0);
}

UifLineT(30,50);
```

<소스> run()함수

```
void run(int y) //엔터키 누르면 실행할 함수 결정(y 좌표값에 따라서)
{
        switch(y)
        {
                case conti4:                    //"1.표시"에서 엔터키 누르면
                        printf("    표시를 선택하셨습니다...");
                        UifLineT(30,50);
                        Sleep(1000);   break;
                case conti5:                    //"2.저장"에서 엔터키 누르면
                        printf("    저장을 선택하셨습니다...");
                        UifClearT(0);
                        Sleep(1000);   break;
                case conti6:                    //"3.시작"에서 엔터키 누르면
                        printf("    시작을 선택하셨습니다...");
                        Sleep(1000);   break;
                case conti8:                    //"4.정지"에서 엔터키 누르면
                        printf("    정지를 선택하셨습니다...");
                        Sleep(1000);   break;
                case conti9:                    //"5.연습"에서 엔터키 누르면
                        printf("    연습을 선택하셨습니다...");
                        Sleep(1000);   break;
                case EXIT:                      //"6.Exit(Esc)"에서 엔터키 누르면
                        CloseHandle(idComDev);
                        exit(0);   break;
                default:
                        break;
        }
        menu_display();
}

void UifLineT(WORD x, WORD y)
{
        int i=8;
        BYTE c[8]={27,'L','T',
                LOBYTE(x), HIBYTE(x), LOBYTE(y), HIBYTE(y)};
        WriteFile(idComDev, c, i, &dwByte, 0);
}
```

소스3.1_5

6) 그래픽 관련 명령어(사각형 그리기)

ESC	BX	X1	Y1	X2	Y2
1바이트	2바이트	2바이트	2바이트	2바이트	2바이트

인수) X1, Y1=시작 포인트, X2, Y2=종료 포인트

설명) X1, Y1에서 X2, Y2를 사선으로 하는 박스를 그린다.

함수정의) 좌표 10,10 ~ 120,30 사각형을 그릴 경우

```
void UifBox(WORD x1, WORD y1, WORD x2, WORD y2)
{
        int i=11;
        BYTE c[11]= {27,'B','X',
                LOBYTE(x1), HIBYTE(x1), LOBYTE(y1), HIBYTE(y1),
                LOBYTE(x2),HIBYTE(x2), LOBYTE(y2), HIBYTE(y2) };
        WriteFile(idComDev, c, i, &dwByte, 0);
}

UifBox(10,10,120,30);
```

〈소스〉 run()함수

```
void run(int y) //엔터키 누르면 실행할 함수 결정(y 좌표값에 따라서)
{
	switch(y)
	{
		case conti4:			//"1.표시"에서 엔터키 누르면
			printf("	표시를 선택하셨습니다...");
			UifBox(10,10,120,30);
			Sleep(1000);	break;
		case conti5:			//"2.저장"에서 엔터키 누르면
			printf("	저장을 선택하셨습니다...");
			UifClearT(0);
			Sleep(1000);	break;
		case conti6:			//"3.시작"에서 엔터키 누르면
			printf("	시작을 선택하셨습니다...");
			Sleep(1000);	break;
		case conti8:			//"4.정지"에서 엔터키 누르면
			printf("	정지를 선택하셨습니다...");
			Sleep(1000);	break;
		case conti9:			//"5.연습"에서 엔터키 누르면
			printf("	연습을 선택하셨습니다...");
			Sleep(1000);	break;
		case EXIT:			//"6.Exit(Esc)"에서 엔터키 누르면
			CloseHandle(idComDev);
			exit(0);	break;
		default:
			break;
	}
	menu_display();
}

void UifBox(WORD x1, WORD y1, WORD x2, WORD y2)
{
	int i=11;
	BYTE c[11]= {27,'B','X',
		LOBYTE(x1), HIBYTE(x1), LOBYTE(y1), HIBYTE(y1),
		LOBYTE(x2),HIBYTE(x2), LOBYTE(y2), HIBYTE(y2) };
	WriteFile(idComDev, c, i, &dwByte, 0);
}
```

소스3.1_6

7) 그래픽 관련 명령어(채워진 사각형 그리기)

ESC	BF	X1	Y1	X2	Y2	n
1바이트	2바이트	2바이트	2바이트	2바이트	2바이트	1바이트

인수) X1, Y1=시작 포인트, X2, Y2=종료 포인트, n= 0:그리기, 1:지우기
설명) X1, Y1에서 X2, Y2를 사선으로 하는 채워진 박스를 그린다.

함수정의) 좌표 10,10 ~ 120,30에 채워진 박스를 그릴 경우

```
void UifBoxF(WORD x1, WORD y1, WORD x2, WORD y2,n)
{
          int i=12;
          BYTE c[11]= {27,'B','F', LOBYTE(x1), HIBYTE(x1),
             LOBYTE(y1),HIBYTE(y1),LOBYTE(x2),HIBYTE(x2),
             LOBYTE(y2), HIBYTE(y2),n };

            WriteFile(idComDev, c, i, &dwByte, 0);
}

UifBox(10,10,120,30,0);
```

〈소스〉 run()함수

```
void run(int y) //엔터키 누르면 실행할 함수 결정(y 좌표값에 따라서)
{
        switch(y)
        {
                case conti4:                //"1.표시"에서 엔터키 누르면
                        printf("   표시를 선택하셨습니다...");
                        UifBox(10,10,120,30,0);
                        Sleep(1000);   break;
                case conti5:                //"2.저장"에서 엔터키 누르면
                        printf("   저장을 선택하셨습니다...");
                        UifClearT(0);
                        Sleep(1000);   break;
                case conti6:                //"3.시작"에서 엔터키 누르면
                        printf("   시작을 선택하셨습니다...");
                        Sleep(1000);   break;
                case conti8:                //"4.정지"에서 엔터키 누르면
                        printf("   정지를 선택하셨습니다...");
                        Sleep(1000);   break;
                case conti9:                //"5.연습"에서 엔터키 누르면
                        printf("   연습을 선택하셨습니다...");
                        Sleep(1000);   break;
                case EXIT:                  //"6.Exit(Esc)"에서 엔터키 누르면
                        CloseHandle(idComDev);
                        exit(0);   break;
                default:
                        break;
        }
        menu_display();
}

void UifBoxF(WORD x1, WORD y1, WORD x2, WORD y2,n)
{
        int i=12;
        BYTE c[11]= {27,'B','F', LOBYTE(x1), HIBYTE(x1),
          LOBYTE(y1),HIBYTE(y1),LOBYTE(x2),HIBYTE(x2),
          LOBYTE(y2), HIBYTE(y2),n };

         WriteFile(idComDev, c, i, &dwByte, 0);
}
```

소스3.1_7

8) 그래픽 관련 명령어(원 그리기)

ESC	CI	X	Y	R
1바이트	2바이트	2바이트	2바이트	2바이트

인수) X, Y=중심 포인트, R=반지름

설명) X, Y를 중심점으로 하고, R을 반지름으로 하는 원을 그린다.

함수정의) 좌표 60,30에 반지름 30의 원을 그릴 경우

```
void UifCircleT(BYTE n1, BYTE n2, BYTE n3)
{
        int i=9;
        char cp[9]= {27, 'C', 'I', n1, 0, n2, 0, n3, 0 };

        WriteFile(idComDev, cp, i, &dwByte, &osWrite);
}


UifCircleT(60,30,30);
```

〈소스〉 run()함수

```
void run(int y) //엔터키 누르면 실행할 함수 결정(y 좌표값에 따라서)
{
        switch(y)
        {
                case conti4:                    //"1.표시"에서 엔터키 누르면
                        printf("    표시를 선택하셨습니다...");
                        UifCircleT(60,30,30);
                        Sleep(1000);  break;
                case conti5:                    //"2.저장"에서 엔터키 누르면
                        printf("    저장을 선택하셨습니다...");
                        UifClearT(0);
                        Sleep(1000);  break;
                case conti6:                    //"3.시작"에서 엔터키 누르면
                        printf("    시작을 선택하셨습니다...");
                        Sleep(1000);  break;
                case conti8:                    //"4.정지"에서 엔터키 누르면
                        printf("    정지를 선택하셨습니다...");
                        Sleep(1000);  break;
                case conti9:                    //"5.연습"에서 엔터키 누르면
                        printf("    연습을 선택하셨습니다...");
                        Sleep(1000);  break;
                case EXIT:                      //"6.Exit(Esc)"에서 엔터키 누르면
                        CloseHandle(idComDev);
                        exit(0);  break;
                default:
                        break;
        }
        menu_display();
}

void UifCircleT(BYTE n1, BYTE n2, BYTE n3)
{
        int i=9;
        char cp[9]= {27, 'C', 'I', n1, 0, n2, 0, n3, 0 };

        WriteFile(idComDev, cp, i, &dwByte, &osWrite);
}
```

소스3.1_8

9) 그래픽 관련 명령어(채워진 원 그리기)

ESC	CF	X	Y	R
1바이트	2바이트	2바이트	2바이트	2바이트

인수) X, Y=중심 포인트, R=반지름

설명) X, Y를 중심점으로 하고, R을 반지름으로 하는 채워진 원을 그린다.

함수정의) 좌표 60,30에 반지름 30의 채워진 원을 그릴 경우

```
void UifCircleF(BYTE n1, BYTE n2, BYTE n3)
{
        int i=9;
        char cp[9]= {27, 'C', 'F', n1, 0, n2, 0, n3, 0 };

        WriteFile(idComDev, cp, i, &dwByte, &osWrite);
}

UifCircleF(60,30,15);
```

〈소스〉 run()함수

```
void run(int y) //엔터키 누르면 실행할 함수 결정(y 좌표값에 따라서)
{
	switch(y)
	{
		case conti4:			//"1.표시"에서 엔터키 누르면
			printf("   표시를 선택하셨습니다...");
			UifCircleF(60,30,15);
			Sleep(1000);  break;
		case conti5:			//"2.저장"에서 엔터키 누르면
			printf("   저장을 선택하셨습니다...");
			UifClearT(0);
			Sleep(1000);  break;
		case conti6:			//"3.시작"에서 엔터키 누르면
			printf("   시작을 선택하셨습니다...");
			Sleep(1000);  break;
		case conti8:			//"4.정지"에서 엔터키 누르면
			printf("   정지를 선택하셨습니다...");
			Sleep(1000);  break;
		case conti9:			//"5.연습"에서 엔터키 누르면
			printf("   연습을 선택하셨습니다...");
			Sleep(1000);  break;
		case EXIT:			//"6.Exit(Esc)"에서 엔터키 누르면
			CloseHandle(idComDev);
			exit(0);  break;
		default:
			break;
	}
	menu_display();
}

void UifCircleF(BYTE n1, BYTE n2, BYTE n3)
{
	int i=9;
	char cp[9]= {27, 'C', 'F', n1, 0, n2, 0, n3, 0 };

	WriteFile(idComDev, cp, i, &dwByte, &osWrite);
}
```

소스3.1_9

10) 그래픽 관련 명령어(타원 그리기)

ESC	EL	X	Y	R1	R2
1바이트	2바이트	2바이트	2바이트	2바이트	2바이트

인수) X, Y=중심 포인트, R1=가로 반지름, R2=세로 반지름

설명) X, Y를 중심점으로 하고, R1을 가로 반지름, R2를 세로 반지름으로 하는 타원을 그린다.

함수정의) 좌표 60,30에 가로반지름 30, 세로반지름 15의 타원을 그릴 경우

```
void UifEllipseT(WORD x, WORD y, WORD R1, WORD R2)
{
     int i=11;
    BYTE c[11]= {27,'E','L',
         LOBYTE(x), HIBYTE(x), LOBYTE(y), HIBYTE(y),
         LOBYTE(R1), HIBYTE(R1), LOBYTE(R2), HIBYTE(R2) };

   WriteFile(idComDev, cp, i, &dwByte, &osWrite);
}

UifEllipseT(60,30,30,15);
```

〈소스〉 run()함수

```
void run(int y) //엔터키 누르면 실행할 함수 결정(y 좌표값에 따라서)
{
	switch(y)
	{
		case conti4:			//"1.표시"에서 엔터키 누르면
			printf("	표시를 선택하셨습니다...");
			UifEllipseT(60,30,30,15);
			Sleep(1000);	break;
		case conti5:			//"2.저장"에서 엔터키 누르면
			printf("	저장을 선택하셨습니다...");
			UifClearT(0);
			Sleep(1000);	break;
		case conti6:			//"3.시작"에서 엔터키 누르면
			printf("	시작을 선택하셨습니다...");
			Sleep(1000);	break;
		case conti8:			//"4.정지"에서 엔터키 누르면
			printf("	정지를 선택하셨습니다...");
			Sleep(1000);	break;
		case conti9:			//"5.연습"에서 엔터키 누르면
			printf("	연습을 선택하셨습니다...");
			Sleep(1000);	break;
		case EXIT:			//"6.Exit(Esc)"에서 엔터키 누르면
			CloseHandle(idComDev);
			exit(0);	break;
		default:
			break;
	}
	menu_display();
}

void UifEllipseT(WORD x, WORD y, WORD R1, WORD R2)
{
	int i=11;
	BYTE c[11]= {27,'E','L',
		LOBYTE(x), HIBYTE(x), LOBYTE(y), HIBYTE(y),
		LOBYTE(R1), HIBYTE(R1), LOBYTE(R2), HIBYTE(R2) };

	WriteFile(idComDev, cp, i, &dwByte, &osWrite);
}
```

소스3.1_10

11) 그래픽 관련 명령어(채워진 타원 그리기)

ESC	EF	X	Y	R1	R2
1바이트	2바이트	2바이트	2바이트	2바이트	2바이트

인수) X, Y=중심 포인트, R1=가로 반지름, R2=세로 반지름

설명) X, Y를 중심점으로 하고, R1을 가로 반지름, R2를 세로 반지름으로 하는 채워진 타원을 그린다.

함수정의) 좌표 60,30에 가로반지름 30, 세로반지름 15의 채워진 타원을 그릴 경우

```
void UifEllipseF(WORD x, WORD y, WORD R1, WORD R2)
{
      int i=11;
    BYTE c[11]= {27,'E','F',
          LOBYTE(x), HIBYTE(x), LOBYTE(y), HIBYTE(y),
          LOBYTE(R1), HIBYTE(R1), LOBYTE(R2), HIBYTE(R2) };

   WriteFile(idComDev, cp, i, &dwByte, &osWrite);
}

UifEllipseF(60,30,30,15);
```

<소스> run()함수

```
void run(int y) //엔터키 누르면 실행할 함수 결정(y 좌표값에 따라서)
{
        switch(y)
        {
                case conti4:                    //"1.표시"에서 엔터키 누르면
                        printf("    표시를 선택하셨습니다...");
                        UifEllipseF(60,30,30,15);
                        Sleep(1000);    break;
                case conti5:                    //"2.저장"에서 엔터키 누르면
                        printf("    저장을 선택하셨습니다...");
                        UifClearT(0);
                        Sleep(1000);    break;
                case conti6:                    //"3.시작"에서 엔터키 누르면
                        printf("    시작을 선택하셨습니다...");
                        Sleep(1000);    break;
                case conti8:                    //"4.정지"에서 엔터키 누르면
                        printf("    정지를 선택하셨습니다...");
                        Sleep(1000);    break;
                case conti9:                    //"5.연습"에서 엔터키 누르면
                        printf("    연습을 선택하셨습니다...");
                        Sleep(1000);    break;
                case EXIT:                      //"6.Exit(Esc)"에서 엔터키 누르면
                        CloseHandle(idComDev);
                        exit(0);    break;
                default:
                        break;
        }
        menu_display();
}

void UifEllipseF(WORD x, WORD y, WORD R1, WORD R2)
{
      int i=11;
     BYTE c[11]= {27,'E','L',
           LOBYTE(x), HIBYTE(x), LOBYTE(y), HIBYTE(y),
           LOBYTE(R1), HIBYTE(R1), LOBYTE(R2), HIBYTE(R2) };

    WriteFile(idComDev, cp, i, &dwByte, &osWrite);
}
```

소스3.1_11

〈실습〉 LCD창에 메뉴 표시하기

조건)
콘솔창에서 표시를 선택하면 제어보드 LCD 창에 아래 그림과 같은 메뉴가 표시되도록 한다.

결과 화면)

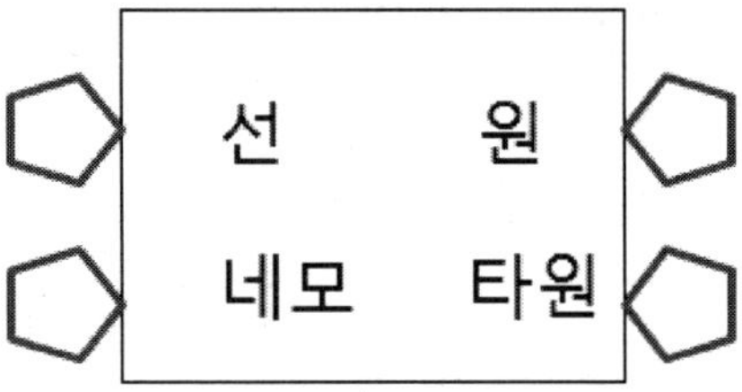

```
void run(int y) //엔터키 누르면 실행할 함수 결정(y 좌표값에 따라서)
{
        switch(y)
        {
                case conti4:                    //"1.표시"에서 엔터키 누르면
                        printf("    표시를 선택하셨습니다...");
                        Sleep(1000);
                        break;
                case conti5:                    //"2.저장"에서 엔터키 누르면
                        printf("    저장을 선택하셨습니다...");
                        UifClearT(0);
                        Sleep(1000);
                        break;
                case conti6:                    //"3.시작"에서 엔터키 누르면
                        printf("    시작을 선택하셨습니다...");
                        UifMenu();
                        Sleep(1000);
                        break;
                case conti8:                    //"4.정지"에서 엔터키 누르면
                        printf("    정지를 선택하셨습니다...");
                        Sleep(1000);
                        break;
                case conti9:                    //"5.연습"에서 엔터키 누르면
                        printf("    연습을 선택하셨습니다...");
                        Sleep(1000);
                        break;
                case EXIT:                      //"6.Exit(Esc)"에서 엔터키 누르면
                        CloseHandle(idComDev);
                        exit(0);
                        break;
                default:
                        break;
        }
        menu_display();
}

void UifMenu(void)
{
        UifClearT(0);
        UifGotoxyT(0,0);
        WriteFile(idComDev, "선", 2, &dwByte, 0);
        UifGotoxyT(13,0);
        WriteFile(idComDev, "원", 2, &dwByte, 0);
        UifGotoxyT(0,2);
        WriteFile(idComDev, "네모", 4, &dwByte, 0);
        UifGotoxyT(11,2);
        WriteFile(idComDev, "타원", 4, &dwByte, 0);
}
```

소스3.1_12

〈실습〉 LCD창에 번호판 그리기

메인화면에서 '표시' 를 선택하면 제어보드 LCD창에 숫자 번호판이 결과화면처럼 표시되도록 프로그래밍 한다.

결과화면)

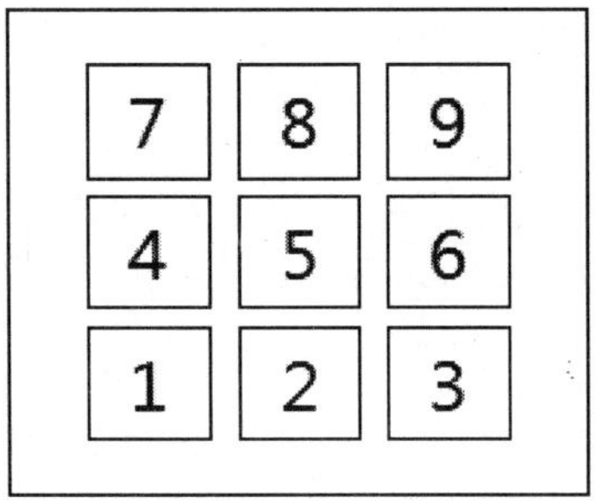

결과 소스)

```
void run(int y) //엔터키 누르면 실행할 함수 결정(y 좌표값에 따라서)
{
        switch(y)
        {
                case conti4:                    //"1.표시"에서 엔터키 누르면
                        printf("    표시를 선택하셨습니다...");
                        UifMenu();
                        Sleep(1000);    break;
                case conti5:                    //"2.저장"에서 엔터키 누르면
                        printf("    저장을 선택하셨습니다...");
                        UifClearT(0);
                        Sleep(1000);    break;
                case conti6:                    //"3.시작"에서 엔터키 누르면
                        printf("    시작을 선택하셨습니다...");
                        Sleep(1000);    break;
                case conti8:                    //"4.정지"에서 엔터키 누르면
                        printf("    정지를 선택하셨습니다...");
                        Sleep(1000);    break;
                case conti9:                    //"5.연습"에서 엔터키 누르면
                        printf("    연습을 선택하셨습니다...");
                        Sleep(1000);    break;
                case EXIT:                      //"6.Exit(Esc)"에서 엔터키 누르면
                        CloseHandle(idComDev);
                        exit(0);    break;
                default:
                        break;
        }
        menu_display();
}
```

소스3.1_13

```
void UifMenu()
{
        szBuf[4] = {27,'C','D',0};
        WriteFile(idComDev, szBuf, 4, &dwByte, &osWrite);

        UifGotoxy(0,1);
        WriteFile(idComDev, "7", 2, &dwByte, &osWrite);

        UifGotoxy(7,1);
        WriteFile(idComDev, "8", 2, &dwByte, &osWrite);

        UifGotoxy(14,1);
        WriteFile(idComDev, "9", 2, &dwByte, &osWrite);

        UifGotoxy(0,2);
        WriteFile(idComDev, "4", 2, &dwByte, &osWrite);

        UifGotoxy(7,2);
        WriteFile(idComDev, "5", 2, &dwByte, &osWrite);

        UifGotoxy(14,2);
        WriteFile(idComDev, "6", 2, &dwByte, &osWrite);

        UifGotoxy(0,3);
        WriteFile(idComDev, "1", 2, &dwByte, &osWrite);

        UifGotoxy(7,3);
        WriteFile(idComDev, "2", 2, &dwByte, &osWrite);

        UifGotoxy(14,3);
        WriteFile(idComDev, "3", 2, &dwByte, &osWrite);

        UifGotoxy(14,1);
        UifBox(30,10,10,50);

}
```

소스3.1_13

2. 제어보드(UIF)의 키패드 이용한 프로그램 작성

2.1 키패드 구조

본 교재에서 실습하고 있는 제어보드는 총 23개의 키가 있으며, 각각의 키에는 고유의 스캔코드가 할당되어 있다. 키를 누르면 이 스캔코드가 DIP 스위치 설정에 따라 SPI방식 또는 RS232방식으로 출력된다.

1) 키패드 구성

스캔코드는 두 바이트씩 출력된다.

정상 1 바이트	반전된 1 바이트

만약, 스캔코드가 1이면 1과 FE(16진수)이 출력된다. 이렇게 2바이트씩 출력되면 통신 중 에러발생여부를 쉽게 체크할 수 있다. 수신측에서 2바이트 중 하나를 반전해서 두 개가 같은지 체크하면 된다.

제어보드 키패드의 16진수 표시

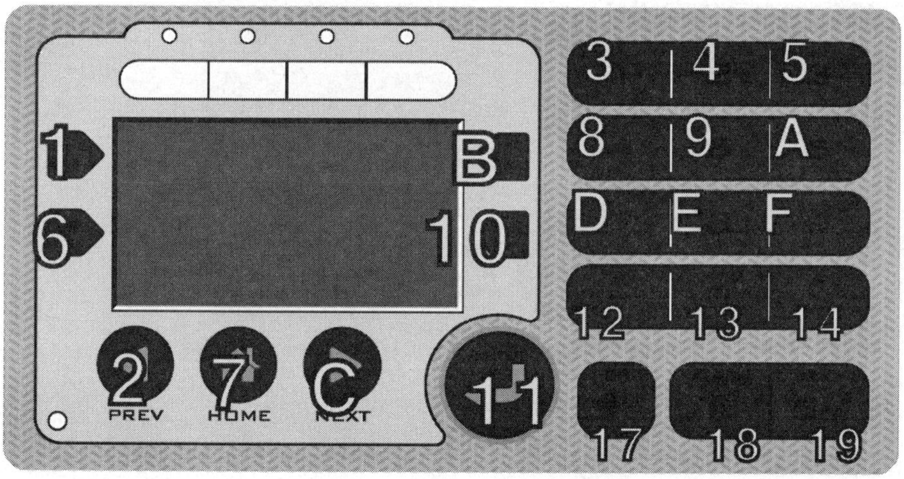

2) 스캔코드를 의미있는 데이터로 테이블 변환

스캔코드는 실제로 제품에 표시된 숫자와는 관계없이 불규칙한 값이다. 이 값을 그대로 프로그램에서 사용하는 것 보다는 한번 변환해서 사용하는 것이 바람직하다.
제품에 표시된 1번을 누르면 3번이 송신되기 때문에 이것을 다시 1번으로 바꾸어 준다. 이와 같은 방식으로 나머지 다른 것들도 바꾸는 작업이 필요하다. 이것을 테이블 변환이라고 한다.

```
int SCODE1, SCODE2, SCODE3;
int SCANCODETB[] =&HFF,19,15,1,2,3,20,16,4,5,6,21,17,7,8,9,
                        22,18,10,0,11,&HFF,&HFF,12,13,14};

~
SCODE1=Getpad(1)
SCODE2=Getpad(1)
SCODE2 = Not SCODE2
If SCODE1 <> SCODE2 Then Return
SCODE3 = SCANCODETB(SCODE1)

~
```

테이블 변환된 키 스캔코드(10진수) 표시

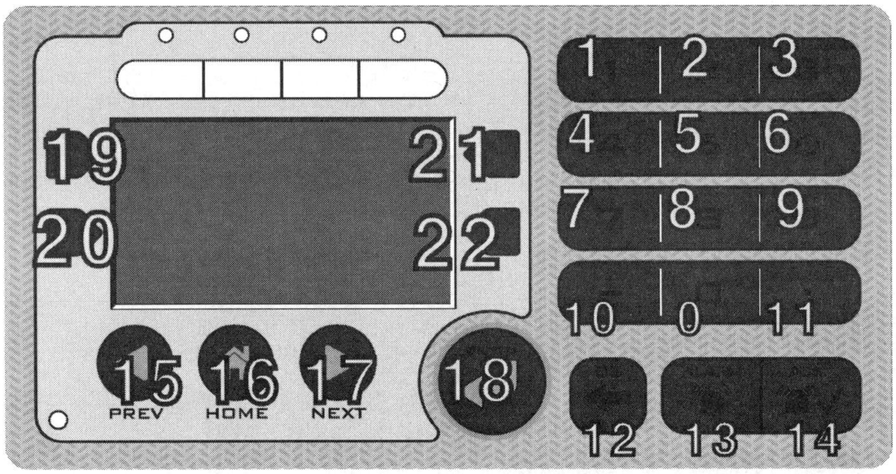

2.2 키패드를 이용한 프로그래밍

1) 해당 메뉴를 클릭하여 LCD창에 도형 그리기

제어보드의 LCD창 옆에 위치한 버튼 데이터를 수신하여 해당 도형 드로잉 명령을 LCD창으로 송신하는 프로그램이다.

조건)

① LCD창에 표시된 메뉴 좌·우의 화살표 버튼을 클릭하면 해당 도형이 LCD창에 그려지도록 한다.

② 홈 버튼을 클릭하면 초기화면이 표시되도록 한다.

쓰레드와 이벤트 속성을 사용하여 작성한다.

초기화면)

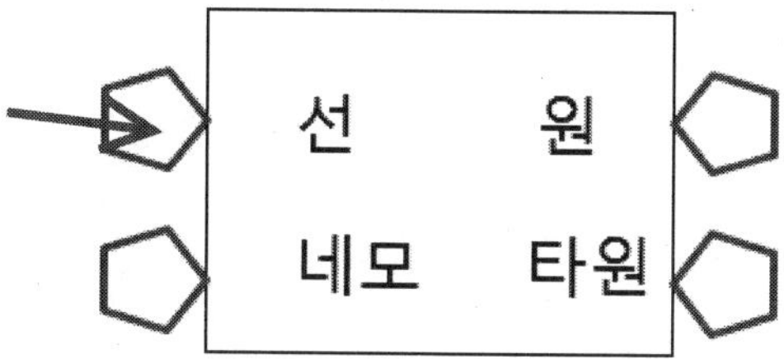

결과화면) 선 메뉴의 왼쪽 화살표를 눌렀을 경우 결과 화면

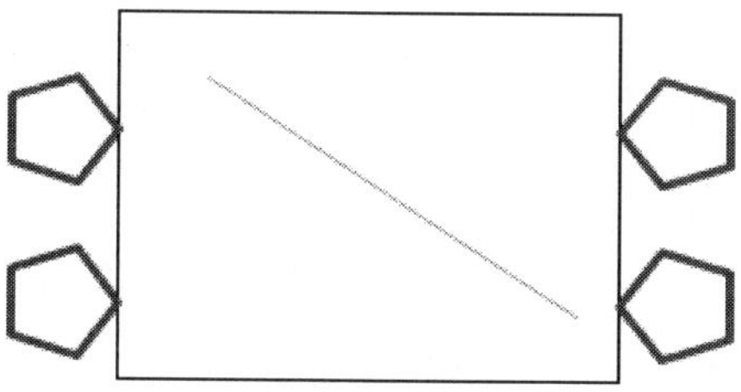

```
//키패드와 스레드를 이용한 도형 그리기

// 메뉴 테스트
#include <windows.h>          // Sleep(), gotoxy()함수에서 사용하는 자료형과 함수
#include <stdio.h>
#include <stdlib.h>           // exit()
#include <conio.h>            // getch()

// 매크로 정의
#define conti4      8
#define conti5      9
#define conti6      10
#define conti8      11
#define conti9      12
#define EXIT        13

// 함수 선언
void gotoxy(int x, int y);
void menu_display();
void move(int q);
void run(int y);
void UifMenu();
void MenuDisplay232();
void UifClear(void);
void UifGotoxy(BYTE n1, BYTE n2);
void UifLine(WORD x1, WORD y1, WORD x2, WORD y2);
void UifBox(WORD x1, WORD y1, WORD x2, WORD y2);
void UifCircle(WORD x, WORD y, WORD r);
void UifEllipse(WORD x1, WORD y1, WORD r1, WORD r2);

DWORD WINAPI RecvData(LPVOID dummy);

// 전역변수 정의
int x,y;                                    // 전역변수 커서 좌표
HANDLE          idComDev;
DWORD           dwByte;
unsigned char szBuf[255]="ABCD통신", szBuffer[1024]={0,};
char szPort[15] = "COM4";
char key;

HANDLE          hThread = NULL;
DWORD           idThread;
unsigned char flagThread=FALSE;

OVERLAPPED      osRead, osWrite;
char total_munja[4096] = "";
```

소스3.2_1

```
// 메인함수 정의
void main(void)
{
        idComDev = CreateFile(        // 포트열기
                    szPort,  GENERIC_READ | GENERIC_WRITE, NULL, NULL,
                    OPEN_EXISTING,FILE_FLAG_OVERLAPPED, NULL);
        if(idComDev==INVALID_HANDLE_VALUE)
        {
                MessageBox(0, "ComPort Error", "OTL", MB_OK);
                exit(0);
        }

        COMMTIMEOUTS CommTimeOuts;

        GetCommTimeouts(idComDev, &CommTimeOuts);
        {
                CommTimeOuts.ReadIntervalTimeout = 0xFFFFFFFF;
                CommTimeOuts.ReadTotalTimeoutMultiplier = 0;
                CommTimeOuts.ReadTotalTimeoutConstant = 0;
                CommTimeOuts.WriteTotalTimeoutMultiplier = 0;
                CommTimeOuts.WriteTotalTimeoutConstant = 0;
        }
        SetCommTimeouts(idComDev, &CommTimeOuts);

        DCB dcb;
        GetCommState(idComDev, &dcb);
        {
                dcb.BaudRate = CBR_9600;
                dcb.ByteSize = 8;
                dcb.fParity = NOPARITY;
                dcb.StopBits = 0;
                dcb.fBinary = TRUE;
                dcb.fParity = FALSE;
        }

        SetCommState(idComDev, &dcb);

        PurgeComm(idComDev, PURGE_RXCLEAR);
        PurgeComm(idComDev, PURGE_TXCLEAR);

        x = 3;
        y = conti6;                          // 메뉴출력시 "▶"가 있을 위치 설정
                          // 제일먼저 실행할 4.----"에 위치
        menu_display();
```

소스3.2_1

```
		while(1)
		{
			key = getch();
			switch(key)
			{
			case 27:
				run(EXIT);  break;
			case 72:
				move(-1);   break;
			case 80:
				move(1);  break;
			case 13:
				run(y);  break;
			default:
				break;
			}// switch
		}// while()
		CloseHandle(idComDev);
}

// 함수 정의
void run(int y)
{
		switch(y)
		{
			case conti4:		// "1. 표시"에서 엔터키를 누르면
				printf("		표시를 선택하셨습니다...");
				MenuDisplay232();
				Sleep(1000);
				break;
			case conti5:		// "2. 저장"에서 엔터키를 누르면
				printf("		저장을 선택하셨습니다...");
				Sleep(1000);
				break;
			case conti6:		// "3. 시작"에서 엔터키를 누르면
				printf("		시작을 선택하셨습니다...");
				if (!flagThread && hThread == NULL)
				{
				  flagThread = TRUE;
				  hThread = CreateThread(NULL, NULL, RecvData, (LPVOID)NULL, 0, &idThread);
				}
				// 초기화를 하여야 합니다!!!
				UifClear();
				UifMenu();
				break;
```

소스3.2_1

```
                case conti8:        // "4. 정지"에서 엔터키를 누르면
                        printf("        정지를 선택하셨습니다...");
                        flagThread = FALSE;
                        WaitForSingleObject(hThread, 3000);
                        if (!hThread) { CloseHandle(hThread); }
                        hThread = NULL;
                        Sleep(1000);    break;
                case conti9:        // "5. 연습"에서 엔터키를 누르면
                        printf("        연습을 선택하셨습니다...");
                        Sleep(1000);  break;
                case EXIT:                  // "EXIT(Esc)"에서 엔터키를 누르면
                        flagThread = FALSE;
                        WaitForSingleObject(hThread, 3000);
                        if (!hThread) { CloseHandle(hThread); }
                        hThread = NULL;
                        CloseHandle(idComDev);
                        exit(0);  break;
                default:
                        break;
        }
        menu_display();
}
void move(int q)
{
        gotoxy(x,y);
        puts("  ");
        gotoxy(x, y=y+(q));
        if(y==14) y=8;
        if(y==7) y=13;
        gotoxy(x,y);
        printf("▶");
}

void menu_display()
{
        system("cls");

        gotoxy(5,3);            puts("통신메뉴 프로그램 2011");
        gotoxy(5,4);            puts("메뉴를 선택하여 주세요.");
        gotoxy(5,5);            puts(" ♣ 이동 : 방향키(↑,↓)\n      ♣ 선택 : Enter");
        gotoxy(5, conti4);      puts(" 1. 표시");
        gotoxy(5, conti5);      puts(" 2. 저장");
        gotoxy(5, conti6);      puts(" 3. 시작(그리기)");
        gotoxy(5, conti8);      puts(" 4. 정지");
        gotoxy(5, conti9);      puts(" 5. 연습");
        gotoxy(5, EXIT);        puts(" 6. Exit(Esc)");
        gotoxy(x,y);                    printf("▶");
}
```

소스3.2_1

```
void UifMenu()
{
        szBuf[0] = 27; // 한글코드 설정
        szBuf[1] = 'C';
        szBuf[2] = 'D';
        szBuf[3] = 0;
        WriteFile(idComDev, szBuf, 4, &dwByte, &osWrite);
        UifGotoxy(0,0);
        WriteFile(idComDev, "선", 2, &dwByte, &osWrite);
        UifGotoxy(14,0);
        WriteFile(idComDev, "원", 2, &dwByte, &osWrite);
        UifGotoxy(0,3);
        WriteFile(idComDev, "네모", 4, &dwByte, &osWrite);
        UifGotoxy(12,3);
        WriteFile(idComDev, "타원", 4, &dwByte, &osWrite);
}

void UifGotoxy(BYTE n1, BYTE n2)
{
        int i=5;
        BYTE c[5]={27,'L','O', n1, n2};
        WriteFile(idComDev, c, i, &dwByte, &osWrite);
}

void UifClear(void)  // 0:전체, 1:부분모드, 2:1부분모드취소
{
        int i=4;
        BYTE c[4]={27,'C','L', 0};
        WriteFile(idComDev, c, i, &dwByte, &osWrite);
}

void UifLine(WORD x1, WORD y1, WORD x2, WORD y2)
{
        int i=11;
        BYTE c[11]={27,'L','I',
                LOBYTE(x1), HIBYTE(x1), LOBYTE(y1), HIBYTE(y1),
                LOBYTE(x2), HIBYTE(x2), LOBYTE(y2), HIBYTE(y2)};
        WriteFile(idComDev, c, i, &dwByte, &osWrite);
}

void UifBox(WORD x1, WORD y1, WORD x2, WORD y2)
{
        int i=11;
        BYTE c[11]={27,'B','X',
                LOBYTE(x1), HIBYTE(x1), LOBYTE(y1), HIBYTE(y1),
                LOBYTE(x2), HIBYTE(x2), LOBYTE(y2), HIBYTE(y2)};
        WriteFile(idComDev, c, i, &dwByte, &osWrite);
}
```

소스3.2_1

```
void UifCircle(WORD x, WORD y, WORD r)
{
        int i=9;
        BYTE c[9]={27,'C','I',
                LOBYTE(x), HIBYTE(x), LOBYTE(y), HIBYTE(y),
                LOBYTE(r), HIBYTE(r)};
        WriteFile(idComDev, c, i, &dwByte, &osWrite);
}
void UifEllipse(WORD x1, WORD y1, WORD r1, WORD r2)
{
        int i=11;
        BYTE c[11]={27,'E','L',
                LOBYTE(x1), HIBYTE(x1), LOBYTE(y1), HIBYTE(y1),
                LOBYTE(r1), HIBYTE(r1),LOBYTE(r2), HIBYTE(r2)};
        WriteFile(idComDev, c, i, &dwByte, &osWrite);
}


DWORD WINAPI RecvData(LPVOID dummy)
{
        DWORD dwByteT;
        char szRecv[256]={0,};
        DWORD dwEvtMask;

        memset(&osRead, 0, sizeof(OVERLAPPED));
        osRead.hEvent = CreateEvent(NULL, TRUE, FALSE, NULL);
        if (osRead.hEvent == NULL)
        {
                MessageBox(NULL, "Failed to create event for Thread!", "COM Error!",
                MB_ICONEXCLAMATION | MB_OK);
                flagThread = FALSE;
        }

        // 핸들을 이용 문자가 수신되면 이벤트를 발생할 것을 설정
        if (!SetCommMask(idComDev, EV_RXCHAR)) return (FALSE);
        PurgeComm(idComDev, PURGE_RXCLEAR); // 통신버퍼 초기화
        while(flagThread)
        {
                //발생할 이벤트를 기다림
                //dwEvMask = 0;
                if (!WaitCommEvent (idComDev, &dwEvtMask, &osRead))
                {
                   if (ERROR_IO_PENDING == GetLastError())
                   {
                      GetOverlappedResult(idComDev, &osRead, &dwByteT, TRUE);
                   }
                }
```

소스3.2_1

```
                        if ((dwEvtMask & EV_RXCHAR) == EV_RXCHAR)
                        {
                            ReadFile(idComDev, szRecv, sizeof(szRecv), &dwByteT, &osRead);
                            if (GetLastError() != ERROR_IO_PENDING) { /* 에러처리 */ }
                            if (WaitForSingleObject(osRead.hEvent, 1000)) { /* 에러처리 */ }
                            GetOverlappedResult(idComDev, &osRead, &dwByteT, FALSE);
                             if (dwByteT > 0)  // 콘솔에 표시
                             {
                                    gotoxy(6,15);
                                    printf("szRecv[0] = %2X", szRecv[0]);
                                    szRecv[dwByteT] = 0;
                                    switch(szRecv[0])
                                    {
                                      case 224:
                                      case -32:
                                              break;
                                      case 0x0B:  // 원
                                              {
                                                        UifClear();
                                                        UifCircle(25,25,10);
                                              } break;
                                      case 0x01: // 선
                                              {
                                                        UifClear();
                                                        UifLine(10,10,80,50);
                                              } break;
                                      case 0x06:  // 네모
                                              {
                                                        UifClear();
                                                        UifBox(15,15,45,45);
                                              } break;
                                      case 0x10:  // 타원
                                              {
                                                        UifClear();
                                                        UifEllipse(25,25,20,10);
                                              } break;
                                    default:
                                              {
                                                      UifClear();
                                                      UifMenu();
                                              } break;
                                    } // switch
                             } // If(dwByteT > 0)
                        } // 수신 이벤트이면
              } // End of While
              CloseHandle(osRead.hEvent);
              return TRUE;
    }
```

소스3.2_1

2) 숫자 키패드 이용한 통신 프로그래밍

숫자 키패드의 특정번호 버튼을 눌러 해당되는 글자를 LCD창에 표시하는 프로그램이다.

조건)

① 콘솔창에서 시작메뉴를 선택하면 패널에 다음과 같이 표시되도록 한다.

LCD창 초기화면)

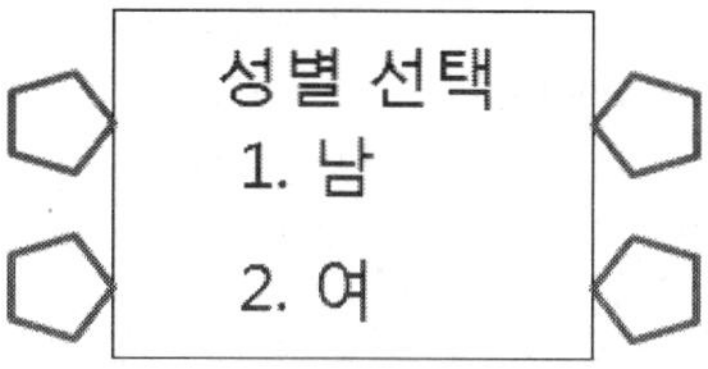

② 계속 실행되도록 스레드 및 통신 이벤트 사용하도록 한다.

③ 제어보드의 해당 번호 버튼을 누르면 다음과 같이 LCD창에 표시되도록 한다.

- 숫자 1을 눌렀을 경우, LCD창에 “당신은 남성”
- 숫자 2을 눌렀을 경우, LCD창에 “당신은 여성” 표시되며, 콘솔창(7,15)에 눌렀던 스캔코드의 값이 출력되도록 한다.

- 숫자 1,2 버튼 외에 다른 버튼을 눌렀을 경우, 처음 화면으로 표시되도록 함

```
void UifMenu()//시작
        {
                szBuf[0] = 27;
                szBuf[1] = 'C';
                szBuf[2] = 'D';
                szBuf[3] = 0;
                WriteFile(idComDev, szBuf, 4, &dwByte, &osWrite);
                UifGotoxyT(3,2);
                WriteFile(idComDev, "성별선택", 8, &dwByte, &osWrite);
                UifGotoxyT(6,8);
                WriteFile(idComDev,"1.남자", 6, &dwByte, &osWrite);
                UifGotoxyT(8,10);
                WriteFile(idComDev,"2.여자", 6, &dwByte, &osWrite);
        }


DWORD WINAPI RecvData(LPVOID dummy)
{
        DWORD dwByteT;
        char szRecv[256]={0,};
        DWORD dwEvtMask;

        memset(&osRead, 0, sizeof(OVERLAPPED));
        osRead.hEvent = CreateEvent(NULL, TRUE, FALSE, NULL);
        if (osRead.hEvent == NULL)
        {
                MessageBox(NULL, "Failed to create event for Thread!", "COM Error!",
                MB_ICONEXCLAMATION | MB_OK);
                flagThread = FALSE;
        }

        // 핸들을 이용 문자가 수신되면 이벤트를 발생할 것을 설정
        if (!SetCommMask(idComDev, EV_RXCHAR)) return (FALSE);
        PurgeComm(idComDev, PURGE_RXCLEAR); // 통신버퍼 초기화
        while(flagThread)
        {
                //발생할 이벤트를 기다림
                //dwEvMask = 0;
                if (!WaitCommEvent (idComDev, &dwEvtMask, &osRead))
                {
                   if (ERROR_IO_PENDING == GetLastError())
                   {
                     GetOverlappedResult(idComDev, &osRead, &dwByteT, TRUE);
                   }
                }
```

소스3.2_2

```
                if ((dwEvtMask & EV_RXCHAR) == EV_RXCHAR)
                {
                    ReadFile(idComDev, szRecv, sizeof(szRecv), &dwByteT, &osRead);
                    if (GetLastError() != ERROR_IO_PENDING) { /* 에러처리 */ }
                    if (WaitForSingleObject(osRead.hEvent, 1000)) { /* 에러처리 */ }
                    GetOverlappedResult(idComDev, &osRead, &dwByteT, FALSE);
                     // 콘솔에 표시
                     if (dwByteT > 0)
                     {
                                    {
                                    gotoxy(6,15);
                                    printf("szRecv[0] = %2X", szRecv[0]);
                                    szRecv[dwByteT] = 0;
                        //          for(i = 0; i<(int)dwByteT; i++)


                                    switch(szRecv[0])
                                    {
                                    case 0x03 :
                                            {
                                                    UifClearT(0);
                                                    WriteFile(idComDev, "당신은남
자", 10, &dwByte, &osWrite);
                                                    UifGotoxyT(1,4);
                                            }
                                            break;
                                    case 0x04 :
                                            {
                                                    UifClearT(0);
                                                    WriteFile(idComDev, "당신은여
자", 10, &dwByte, &osWrite);
                                                    UifGotoxyT(1,6);
                                            }
                                            break;
                                    default:
                                            {
                                                    UifClearT(0);
                                                    UifMenu();
                                            }
                                            break;
                        } // switch
                 } // If(dwByteT > 0)
              } // 수신 이벤트이면
          } // End of While
          CloseHandle(osRead.hEvent);
          return TRUE;
  }
```

소스3.2_2

3. 종합 응용 프로그래밍

숫자키패드로부터 숫자와 연산자 등을 입력받아 연산결과를 LCD창에 출력하는 계산기 프로그램을 작성한다.

조건)

①콘솔창의 메인메뉴 "시작"을 선택하면 제어보드에 다음과 같은 화면이 나오도록 한다.

② 아래 화면과 같이 제어보드의 LCD창에 연산자 선택 화면이 나오도록 한다.

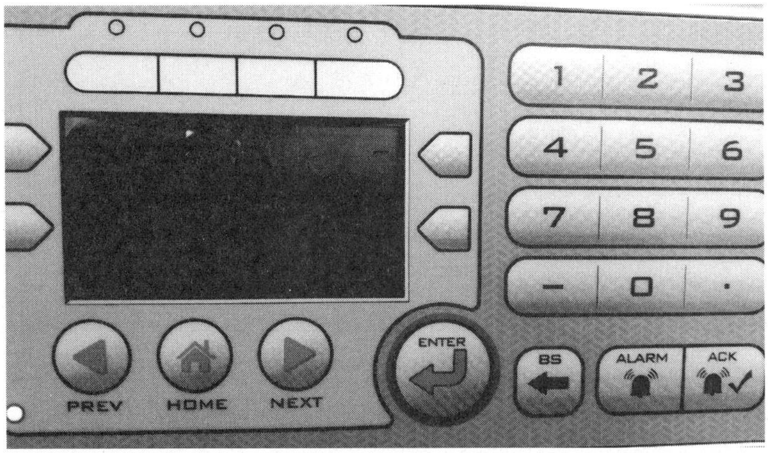

③ 제어보드의 숫자키패드에서 숫자를 누른 후 제어보드의 Enter버튼을 누르면 숫자

가 입력되고, 연산자 선택 버튼을 누른후 Enter 버튼을 누른다. 마찬가지로 피연산자 숫자를 누른 후 Enter 버튼을 누르면 다음과 같은 결과가 나오게 한다.

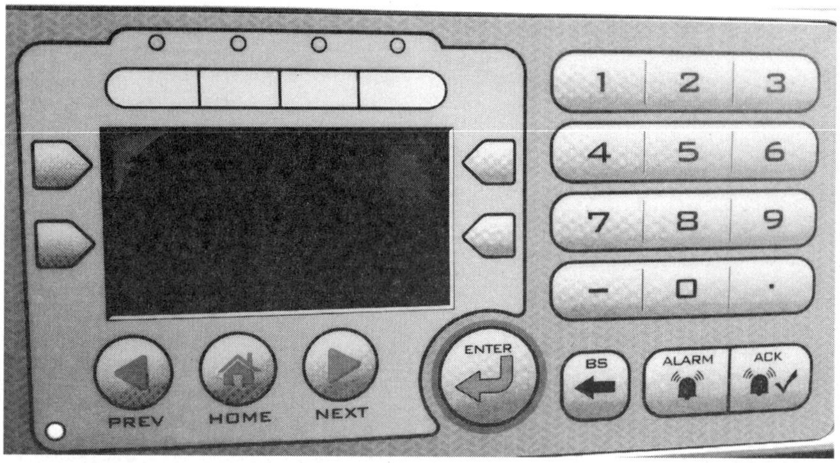

④ HOME 키를 누르면 처음 화면으로 되돌아가게 한다.

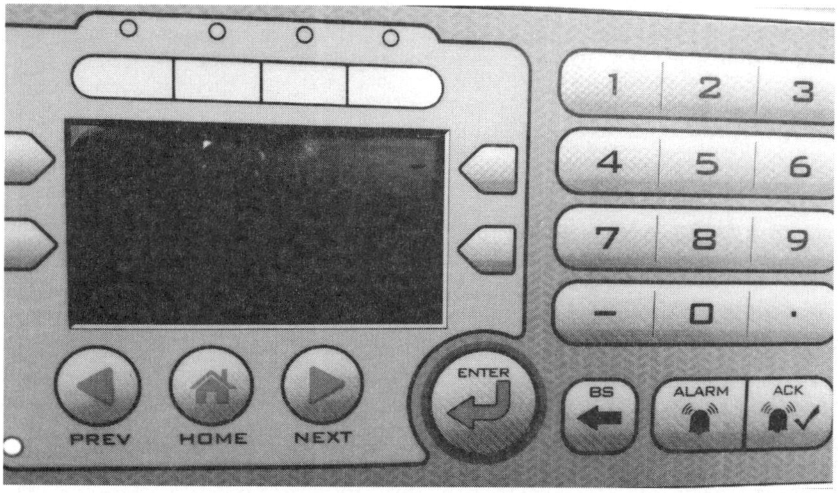

```
#include <windows.h>
#include <stdio.h>
#include <stdlib.h>//exit()
#include <conio.h>//getch()

#define conti4 8
#define conti5 9
#define conti6 10
#define conti8 11
#define conti9 12
#define EXIT 13

void menu_display();
void run(int y);
void move(int q);
void gotoxy(int x, int y);
void UIF_Menu232_Clear(int n);
void UIF_Menu232_goto(int x, int y);
void UIF_Menu();

void UIF_KeyRead(char kcode);
void UIF_Add(int x1,int x2);
void UIF_Sub(int x1,int x2);
void UIF_Mul(int x1,int x2);
void UIF_Div(int x1,int x2);
DWORD WINAPI RecvData(LPVOID dummy);

int x, y;
HANDLE idComDev;
DWORD dwByte;

unsigned char szBuf[255] = "ABCD통신", szBuffer[1024] = {0,};
char szPort[15] = "COM1";
char key;

HANDLE hThread = NULL;
DWORD idThread;
unsigned char flagThread =FALSE;
char temp[256]={0,};
OVERLAPPED osRead, osWrite;
char total_munja[4096] = " ";

int imode = 0,index=0; //0:메뉴 입력 상태, 1;숫자를 입력받은 상태
int ienter;
int ncode;
```

소스3.3_1

```
int iacc=0;
int ivalue1=0,ivalue2=0,result1=0;
char result[256]={0,};

void main(void)
{
        idComDev = CreateFile(szPort, GENERIC_READ | GENERIC_WRITE, 0, NULL,
OPEN_EXISTING, NULL, NULL);
        if(idComDev == INVALID_HANDLE_VALUE)
        {
                MessageBox(0, "ComPort Error", "OTL", MB_OK);
                exit(0);
        }

        COMMTIMEOUTS CommTimeOuts;

        GetCommTimeouts(idComDev, &CommTimeOuts);
        {
                CommTimeOuts.ReadIntervalTimeout = 0xFFFFFFFF;
                CommTimeOuts.ReadTotalTimeoutMultiplier = 0;
                CommTimeOuts.ReadTotalTimeoutConstant = 0;
                CommTimeOuts.WriteTotalTimeoutMultiplier = 0;
                CommTimeOuts.WriteTotalTimeoutConstant = 0;
        }
        SetCommTimeouts(idComDev, &CommTimeOuts);

        DCB dcb;
        GetCommState(idComDev, &dcb);

        {
                dcb.BaudRate =CBR_9600;
                dcb.ByteSize =8,
                dcb.Parity =NOPARITY;
                dcb.StopBits =0;
                dcb.fBinary=TRUE;
                dcb.fParity=FALSE;
        }
        SetCommState(idComDev,&dcb);
        PurgeComm(idComDev,PURGE_RXCLEAR);
        PurgeComm(idComDev,PURGE_TXCLEAR);
        x = 3;
        y = conti6;

        menu_display();

        while(1)
        {
                key = getch();
```

소스3.3_1

```
                switch(key)
                {
                        case 13:
                                run(y);
                                break;
                        case 72:
                                move(-1);
                                break;
                        case 80:
                                move(1);
                                break;
                        case 27:
                                run(EXIT);
                                break;
                        default:
                                break;
                }
        }
        CloseHandle(idComDev);
}

void run(int y)
{
        switch(y)
        {
                case conti4:
                        printf("   표시를 선택하셨습니다...");
                        Sleep(1000);
                        break;
                case conti5:
                        printf("   저장을 선택하셨습니다...");
                        Sleep(1000);
                        break;
                case conti6:
                        printf("   시작을 선택하셨습니다...");
                        UIF_Menu232_Clear(0);
                        UIF_Menu();

                        if(!flagThread && hThread == NULL)
                        {
                                flagThread = TRUE;
                                hThread = CreateThread(NULL, NULL, RecvData,
(LPVOID)NULL, 0, &idThread);
                        }
                        Sleep(100);
                        break;
```

소스3.3_1

```
                case conti8:
                        printf("    정지를 선택하셨습니다...");
                        flagThread = FALSE;
                        WaitForSingleObject(hThread, 3000);
                        if(!hThread)
                        {
                                CloseHandle(hThread);
                        }
                        hThread = NULL;
                        Sleep(1000);
                        break;
                case conti9:
                        printf("    연습을 선택하셨습니다...");
                        Sleep(1000);
                        break;
                case EXIT:
                        flagThread = FALSE;
                        WaitForSingleObject(hThread, 3000);
                        if(!hThread)
                        {
                                CloseHandle(hThread);
                        }
                        hThread = NULL;
                        CloseHandle(idComDev);
                        exit(0);
                        break;
                default:
                        break;
        }
        menu_display();
}

void move(int q)
{
        gotoxy(x, y);
        printf("    ");
        gotoxy(x, y=y+(q));
        if(y==14) y=8;
        if(y==7) y=13;

        gotoxy(x, y);
        printf("▶");
}
```

소스3.3_1

```
void menu_display(void)
{
        system("cls");

        gotoxy(5,3);          puts("통신메뉴 프로그램 2014");
        gotoxy(5,4);          puts("메뉴를 선택해 주세요.");
        gotoxy(5,5);          puts("☞ 이동 : 방향키(↑,↓)\n     ☞ 선택 : ENTER");

        gotoxy(5,conti4);     puts(" 1.표시");
        gotoxy(5,conti5);     puts(" 2.저장");
        gotoxy(5,conti6);     puts(" 3.시작");
        gotoxy(5,conti8);     puts(" 4.정지");
        gotoxy(5,conti9);     puts(" 5.연습");
        gotoxy(5,EXIT);               puts(" 6.EXIT(Esc)");
        gotoxy(x, y);                 printf("▶ ");
}

void gotoxy(int x, int y)
{
        COORD pos={x-1,y-1};
        SetConsoleCursorPosition(GetStdHandle(STD_OUTPUT_HANDLE),pos);
}


void UIF_Menu232_Clear(int n)
{
        char Clear[] = {27,'C', 'L', n};
        WriteFile(idComDev, Clear, 4, &dwByte, 0);
}

void UIF_Menu()
{
        UIF_Menu232_goto(0,0);
        WriteFile(idComDev, "+", 1, &dwByte, &osWrite);
        UIF_Menu232_goto(15,0);
        WriteFile(idComDev, "-", 1, &dwByte, &osWrite);
        UIF_Menu232_goto(0,3);
        WriteFile(idComDev, "*", 1, &dwByte, &osWrite);
        UIF_Menu232_goto(15,3);
        WriteFile(idComDev, "/", 1, &dwByte, &osWrite);

}
```

소스3.3_1

```
DWORD WINAPI RecvData(LPVOID dummy)
{
   DWORD dwByteT;
   unsigned char szRecv[256] = {0, };
   unsigned char ScanCodeTB[256] = {NULL, 19, 15, 1, 2, 3, 20, 16, 4, 5, 6, 21,
                17, 7, 8, 9, 22, 18, 10, 0, 11, NULL, NULL, 12, 13, 14,0,};

   DWORD dwEvtMask;

   int Incode=0;
   char szCode=0;
   memset(&osRead, 0, sizeof(OVERLAPPED));
   osRead.hEvent = CreateEvent(NULL, TRUE, FALSE, NULL);

   if(osRead.hEvent == NULL)
   {
         MessageBox(NULL, "Failed to create event for thread!", "COM Error!",
                MB_ICONEXCLAMATION | MB_OK);
         flagThread = FALSE;
   }
   if(!SetCommMask(idComDev, EV_RXCHAR)) return(FALSE);

   PurgeComm(idComDev, PURGE_RXCLEAR);
   while(flagThread)
   {

     if(!WaitCommEvent(idComDev, &dwEvtMask, &osRead))
     {
                if(ERROR_IO_PENDING == GetLastError())
                {
                    GetOverlappedResult(idComDev, &osRead, &dwByteT,      TRUE);
                 }
     }

     if((dwEvtMask & EV_RXCHAR) == EV_RXCHAR)
     {
                ReadFile(idComDev, szRecv, sizeof(szRecv), &dwByteT, &osRead);
                if(GetLastError() != ERROR_IO_PENDING) { /*에러 처리 */}

                if(WaitForSingleObject(osRead.hEvent, 1000))
                 { /*에러처리 0:성공, 이외 :실패 */}

                GetOverlappedResult(idComDev, &osRead, &dwByteT, FALSE);
```

소스3.3_1

```
if(dwByteT>0)
{
    szRecv[dwByteT]=0;
    szCode = (int)ScanCodeTB[szRecv[0]];
    switch(szCode)
    {
      case 19://덧셈
      {
            imode=1;//imode는 메뉴 선택을 했음
            iacc=1;//+ 선택
            UIF_Menu232_goto(1,1);
            WriteFile(idComDev,"+",1,&dwByteT,&osWrite);
      }
      break;
      case 21: //뺄셈
      {
            imode=1;//imode는 메뉴 선택을 했음
            iacc=2;//- 선택
            UIF_Menu232_goto(1,1);
            WriteFile(idComDev,"-",1,&dwByteT,&osWrite);
      }
      break;
     case 20: //곱셈
     {
            imode=1;//imode는 메뉴 선택을 했음
            iacc=3;//* 선택
            UIF_Menu232_goto(1,1);
            WriteFile(idComDev,"*",1,&dwByteT,&osWrite);
     }
      break;
     case 22://나눗셈
     {
            imode=1;//imode는 메뉴 선택을 했음
            iacc=4;//÷ 선택
            UIF_Menu232_goto(1,1);
            WriteFile(idComDev,"÷",1,&dwByteT,&osWrite);
     }
      break;
     case 16://클리어
     {
             ienter=0;
            iacc=0;
            imode=0;
            index=0;
            UIF_Menu232_Clear(0);
            UIF_Menu();
            memset(temp,'0',sizeof(temp));
     }
      break;
```

소스3.3_1

```
				default:
				{
						UIF_KeyRead(szCode);
						if(szCode==18)
						{
						     temp[index+1]='0';
						     lncode=strlen(temp);
						     ncode=atoi(temp);
						     gotoxy(20,18);
						     printf("ncode=%4x",ncode);
						    index=0;
						     memset(temp,'0',sizeof(temp));
						     ienter++;
						}
						 gotoxy(20,18);
						 printf("temp[0]=%4x",temp[0]);

						 if(ienter==0){UIF_Menu232_goto(3,1);}

						 if(ienter==1){UIF_Menu232_goto(7,1);}
						 WriteFile(idComDev,temp,index,&dwByteT,&osWrite);
						 gotoxy(20,19);
						 printf(" ncode1 = %3d", ncode);
				}
				break;
		}//switch문


if(iacc==1)
{
		switch(ienter)
		{
				case 1:
				{
						ivalue1=ncode;
						gotoxy(30,10);
						printf("첫번째 값: %d", ivalue1);
				}
				break;
				case 2:
				{
						ivalue2=ncode;
						gotoxy(30,11);
						printf("두번째 값: %d", ivalue2);
						ienter=3;
```

소스3.3_1

```
                        if(imode==1 && iacc==1 && ienter==3)
                        {
                                gotoxy(30,14);
                                printf("입력완료");
                                UIF_Menu232_goto(9,1);
                                WriteFile(idComDev,"=",1,&dwByteT,&osWrite);
                                UIF_Add(ivalue1,ivalue2);
                                iacc=0;
                                ienter=0;
                        }
                        }
                default:
                        break;
                }
        }
else if(iacc==2)
{
        switch(ienter)
        {
                case 1:
                        ivalue1=ncode;
                        gotoxy(30,10);
                        printf("첫번째 값: %d", ivalue1);
                break;
                case 2:
                        ivalue2=ncode;
                        gotoxy(30,11);
                        printf("두번째 값: %d", ivalue2);
                        ienter=3;
                        if(imode==1 && iacc==2 && ienter==3)
                        {
                                gotoxy(30,14);
                                printf("입력완료");
                                UIF_Menu232_goto(9,1);
                                WriteFile(idComDev,"=",1,&dwByteT,&osWrite);
                                UIF_Sub(ivalue1,ivalue2);
                                iacc=0;
                                ienter=0;
                        }
                break;
                default:
                        break;
        }//switch문
}
```

소스3.3_1

```
else if(iacc==3)
{
          switch(ienter)
          {
                    case 1:
                              ivalue1=ncode;
                              printf("첫번째 값: %d", ivalue1);
                              break;
                    case 2:
                              ivalue2=ncode;
                              printf("두번째 값: %d", ivalue2);
                              ienter=3;
                              if(imode==1 && iacc==3 && ienter==3)
                              {
                                        gotoxy(30,14);
                                        printf("입력완료");
                                        UIF_Menu232_goto(9,1);
                                        WriteFile(idComDev,"=",1,&dwByteT,&osWrite);
                                        UIF_Mul(ivalue1,ivalue2);
                                        iacc=0;
                                        ienter=0;
                              } break;
                    default:
                              break;
          }
}
else
{
          switch(ienter)
          {
                    case 1:
                              ivalue1=ncode;
                              printf("첫번째 값: %d", ivalue1);
                              break;
                    case 2:
                              ivalue2=ncode;
                              printf("두번째 값: %d", ivalue2);
                              ienter=3;
                              if(imode==1 && iacc==4 && ienter==3)
                              {
                                        gotoxy(30,14);
                                        printf("입력완료");
                                        UIF_Menu232_goto(9,1);
                                        WriteFile(idComDev,"=",1,&dwByteT,&osWrite);
                                        UIF_Div(ivalue1,ivalue2);
                                        iacc=0;
                                        ienter=0;
                              }
```

소스3.3_1

```
                        default:
                                break;
                        }//switch문
                }//else문
            }//if문

        }//if문

    }CloseHandle(osRead.hEvent);
    return TRUE;
}//RecvData문


void UIF_Menu232_goto(int x, int y)
{
            int l=5;
            char loc[5]={27,'L','O',x,y};
            WriteFile(idComDev,loc,l,&dwByte,&osWrite);
}

void UIF_KeyRead(char kcode)
{
            temp[index++]=kcode+'0x00';
            //gotoxy(6,17);
            //printf("temp[0]=%4x",temp[0]);
            //WriteFile(idComDev,temp,index,&dwByte,&osWrite);

}
void UIF_Add(int x1,int x2)
{
            result1=x1+x2;
            itoa(result1,result,10);
            UIF_Menu232_goto(11,1);
            WriteFile(idComDev,result,strlen(result),&dwByte,&osWrite);
}

void UIF_Sub(int x1,int x2)
{
            result1=x1-x2;
            itoa(result1,result,10);
            UIF_Menu232_goto(11,1);
            WriteFile(idComDev,result,strlen(result),&dwByte,&osWrite);
}
```

소스3.3_1

```
void UIF_Mul(int x1,int x2)
{
        result1=x1*x2;
        itoa(result1,result,10);
        UIF_Menu232_goto(11,1);
        WriteFile(idComDev,result,strlen(result),&dwByte,&osWrite);
}

void UIF_Div(int x1,int x2)
{
        if(x2!=0)
        {
                result1=x1/x2;
                itoa(result1,result,10);
                UIF_Menu232_goto(11,1);
                WriteFile(idComDev,result,strlen(result),&dwByte,&osWrite);
        }
        else
                WriteFile(idComDev,"연산불가",8,&dwByte,&osWrite);
}
```

소스3.3_1

```
if(dwByteT>0)
{
    szRecv[dwByteT]=0;
    szCode = (int)ScanCodeTB[szRecv[0]];
    switch(szCode)
    {
      case 19://덧셈
      {
            imode=1;//imode는 메뉴 선택을 했음
            iacc=1;//+ 선택
            UIF_Menu232_goto(1,1);
            WriteFile(idComDev,"+",1,&dwByteT,&osWrite);
      }
      break;
      case 21: //뺄셈
      {
            imode=1;//imode는 메뉴 선택을 했음
            iacc=2;//- 선택
            UIF_Menu232_goto(1,1);
            WriteFile(idComDev,"-",1,&dwByteT,&osWrite);
      }
      break;
     case 20: //곱셈
     {
            imode=1;//imode는 메뉴 선택을 했음
            iacc=3;//* 선택
            UIF_Menu232_goto(1,1);
            WriteFile(idComDev,"*",1,&dwByteT,&osWrite);
     }
      break;
     case 22://나눗셈
     {
            imode=1;//imode는 메뉴 선택을 했음
            iacc=4;//÷ 선택
            UIF_Menu232_goto(1,1);
            WriteFile(idComDev,"÷",1,&dwByteT,&osWrite);
     }
      break;
     case 16://클리어
     {
             ienter=0;
            iacc=0;
            imode=0;
            index=0;
            UIF_Menu232_Clear(0);
            UIF_Menu();
            memset(temp,'0',sizeof(temp));
     }
      break;
```

소스3.3_1

```
                    default:
                    {
                              UIF_KeyRead(szCode);
                              if(szCode==18)
                              {
                                  temp[index+1]='0';
                                  lncode=strlen(temp);
                                  ncode=atoi(temp);
                                  gotoxy(20,18);
                                  printf("ncode=%4x",ncode);
                                  index=0;
                                  memset(temp,'0',sizeof(temp));
                                  ienter++;
                              }
                               gotoxy(20,18);
                               printf("temp[0]=%4x",temp[0]);

                               if(ienter==0){UIF_Menu232_goto(3,1);}

                               if(ienter==1){UIF_Menu232_goto(7,1);}
                               WriteFile(idComDev,temp,index,&dwByteT,&osWrite);
                               gotoxy(20,19);
                               printf(" ncode1 = %3d", ncode);
                    }
                    break;
          }//switch문


if(iacc==1)
{
          switch(ienter)
          {
                    case 1:
                    {
                              ivalue1=ncode;
                              gotoxy(30,10);
                              printf("첫번째 값: %d", ivalue1);
                    }
                    break;
                    case 2:
                    {
                              ivalue2=ncode;
                              gotoxy(30,11);
                              printf("두번째 값: %d", ivalue2);
                              ienter=3;
```

소스3.3_1

```
                        if(imode==1 && iacc==1 && ienter==3)
                        {
                                gotoxy(30,14);
                                printf("입력완료");
                                UIF_Menu232_goto(9,1);
                                WriteFile(idComDev,"=",1,&dwByteT,&osWrite);
                                UIF_Add(ivalue1,ivalue2);
                                iacc=0;
                                ienter=0;
                        }
                        }
                default:
                        break;
                }
        }
else if(iacc==2)
{
        switch(ienter)
        {
                case 1:
                        ivalue1=ncode;
                        gotoxy(30,10);
                        printf("첫번째 값: %d", ivalue1);
                break;
                case 2:
                        ivalue2=ncode;
                        gotoxy(30,11);
                        printf("두번째 값: %d", ivalue2);
                        ienter=3;
                        if(imode==1 && iacc==2 && ienter==3)
                        {
                                gotoxy(30,14);
                                printf("입력완료");
                                UIF_Menu232_goto(9,1);
                                WriteFile(idComDev,"=",1,&dwByteT,&osWrite);
                                UIF_Sub(ivalue1,ivalue2);
                                iacc=0;
                                ienter=0;
                        }
                break;
                default:
                        break;
        }//switch문
}
```

소스3.3_1

```
else if(iacc==3)
{
          switch(ienter)
          {
                    case 1:
                              ivalue1=ncode;
                              printf("첫번째 값: %d", ivalue1);
                              break;
                    case 2:
                              ivalue2=ncode;
                              printf("두번째 값: %d", ivalue2);
                              ienter=3;
                              if(imode==1 && iacc==3 && ienter==3)
                              {
                                        gotoxy(30,14);
                                        printf("입력완료");
                                        UIF_Menu232_goto(9,1);
                                        WriteFile(idComDev,"=",1,&dwByteT,&osWrite);
                                        UIF_Mul(ivalue1,ivalue2);
                                        iacc=0;
                                        ienter=0;
                              } break;
                    default:
                              break;
          }
}
else
{
          switch(ienter)
          {
                    case 1:
                              ivalue1=ncode;
                              printf("첫번째 값: %d", ivalue1);
                              break;
                    case 2:
                              ivalue2=ncode;
                              printf("두번째 값: %d", ivalue2);
                              ienter=3;
                              if(imode==1 && iacc==4 && ienter==3)
                              {
                                        gotoxy(30,14);
                                        printf("입력완료");
                                        UIF_Menu232_goto(9,1);
                                        WriteFile(idComDev,"=",1,&dwByteT,&osWrite);
                                        UIF_Div(ivalue1,ivalue2);
                                        iacc=0;
                                        ienter=0;
                              }
```

소스3.3_1

```
                        default:
                                break;
                        }//switch문
                }//else문
        }//if문

      }//if문

    }CloseHandle(osRead.hEvent);
    return TRUE;
}//RecvData문


void UIF_Menu232_goto(int x, int y)
{
        int l=5;
        char loc[5]={27,'L','O',x,y};
        WriteFile(idComDev,loc,l,&dwByte,&osWrite);
}

void UIF_KeyRead(char kcode)
{
        temp[index++]=kcode+'0x00';
        //gotoxy(6,17);
        //printf("temp[0]=%4x",temp[0]);
        //WriteFile(idComDev,temp,index,&dwByte,&osWrite);

}
void UIF_Add(int x1,int x2)
{
        result1=x1+x2;
        itoa(result1,result,10);
        UIF_Menu232_goto(11,1);
        WriteFile(idComDev,result,strlen(result),&dwByte,&osWrite);
}

void UIF_Sub(int x1,int x2)
{
        result1=x1-x2;
        itoa(result1,result,10);
        UIF_Menu232_goto(11,1);
        WriteFile(idComDev,result,strlen(result),&dwByte,&osWrite);
}
```

소스3.3_1

```
void UIF_Mul(int x1,int x2)
{
		result1=x1*x2;
		itoa(result1,result,10);
		UIF_Menu232_goto(11,1);
		WriteFile(idComDev,result,strlen(result),&dwByte,&osWrite);
}

void UIF_Div(int x1,int x2)
{
		if(x2!=0)
		{
				result1=x1/x2;
				itoa(result1,result,10);
				UIF_Menu232_goto(11,1);
				WriteFile(idComDev,result,strlen(result),&dwByte,&osWrite);
		}
		else
				WriteFile(idComDev,"연산불가",8,&dwByte,&osWrite);
}
```

소스3.3_1

제어보드를 이용한 통신 프로그래밍

2014년 1월 22일 인쇄
2014년 1월 25일 발행
저 자 김 혜 경 저
펴낸이 오 성 걸
펴낸곳 **오성미디어**
주 소 132-916 서울시 도봉구 창 3동 491-1
전 화 02)997-0136
FAX 02)997-0137
등 록 2000. 5. 12 제 7-212 호

ISBN 978-89-6628-090-2 값 12,000 원